AF471419

EXAMEN

DES

DIFFÉRENTES MÉTHODES

EMPLOYÉES POUR RÉSOUDRE

LES PROBLÈMES DE GÉOMÉTRIE.

EXAMEN

DES

DIFFÉRENTES MÉTHODES

EMPLOYÉES POUR RÉSOUDRE

LES PROBLÈMES DE GÉOMÉTRIE;

PAR G. LAMÉ,

ÉLÈVE INGÉNIEUR AU CORPS ROYAL DES MINES.

PARIS,

Mme Ve COURCIER, IMPRIMEUR-LIBRAIRE,
rue du Jardinet-Saint-André-des-Arcs.

1818.

AVERTISSEMENT.

Cet Ouvrage était projeté depuis long-temps et devait être plus considérable; mais diverses circonstances m'ont forcé de le mettre au jour avant de l'avoir complété; l'ordre et la justesse des idées doivent s'y ressentir de cette précipitation, et cette seule considération m'eût empêché de le publier, s'il ne m'avait paru contenir quelques théories nouvelles.

L'expression analytique de la communauté d'intersection des lieux géométriques; la détermination complète des courbes et surfaces du second degré par la Géométrie descriptive, lorsqu'on donne un nombre suffisant de leurs points; la théorie des courbes et surfaces représentées par les équations $x^\alpha : a^\alpha + y^\alpha : b^\alpha = 1$, et $x^\alpha : a^\alpha + y^\alpha : b^\alpha + z^\alpha : c^\alpha = 1$, sont les parties de cet Ouvrage qui me paraissent mériter le plus d'attention.

Quant aux réflexions qu'il contient, j'avoue qu'elles m'ont été suggérées pour la plupart, par les problèmes que j'y ai fait entrer, tandis qu'au contraire des réflexions générales auraient dû me conduire au choix des exemples. Il aurait fallu du temps et beaucoup de talent pour faire disparaître complètement l'apparence de cette inversion, et je ne possédais ni l'un ni l'autre.

Au reste, j'abandonne cette faible production à la sage critique des professeurs; j'espère qu'ils y trouveront quelques principes généraux pour la solution des problèmes, et que, dans mon ouvrage, jusqu'aux fautes qu'ils signaleront, tout pourra contribuer à l'avancement de leurs élèves.

TABLE DES MATIÈRES.

EXAMEN

DES

DIFFÉRENTES MÉTHODES

EMPLOYÉES POUR RÉSOUDRE

LES PROBLÈMES DE GÉOMÉTRIE.

INTRODUCTION.

1. C'est en partie dans la vue de perfectionner les problèmes de Géométrie, que les mathématiciens ont enrichi l'Analyse des calculs qui composent aujourd'hui les sciences exactes. Pour pouvoir énoncer analytiquement les rapports qui existent entre les angles et les côtés d'une figure géométrique, on a inventé la Trigonométrie. Pour énoncer algebriquement les positions respectives d'un point particulier, de tous ceux d'une ligne, d'une surface; un Français, l'immortel Descartes, a jeté les fondemens de l'application de l'Algèbre à la Géométrie. Dans la vue d'exprimer le contact des lieux géométriques, de rechercher les propriétés d'une courbe en étudiant celles de sa tangente, Leibnitz a inventé le Calcul différentiel. Pour revenir des propriétés des tangentes aux courbes, à celles des courbes elles-mêmes,

le Calcul infinitésimal s'est enrichi du Calcul intégral. Pour isoler la multiplicité des solutions d'un problème, Lagrange a fait paraître la théorie générale des Équations. Pour traduire en Géométrie les résultats de l'Analyse, M. Monge s'est immortalisé en inventant la Géométrie descriptive; et c'est encore pour mettre la dernière main à cette grande œuvre des Mathématiques, que le même auteur nous a donné son Analyse appliquée.

2. Qu'on ne conteste donc plus aux mathématiciens le désir d'être utiles, puisque leurs principales découvertes ont été faites dans l'intention d'étendre les applications des sciences exactes. N'est-ce pas pour employer le Calcul infinitésimal à la démonstration des mouvemens célestes, que Newton dispute à Leibnitz l'honneur de l'avoir inventé? N'est-ce pas dans les mêmes vues, que MM. Laplace, Legendre, Poisson, et tant d'autres, complètent cette riche partie de l'Analyse? N'est-ce pas à l'idée de perfectionner l'Architecture, la Mécanique pratique, la Peinture et plusieurs autres arts, que nous devons en grande partie la découverte de la Géométrie descriptive?

3. Dans l'enseignement des sciences abstraites, la meilleure méthode à prendre ne serait-elle pas de suivre la marche de l'invention? Après avoir démontré les théorèmes, les rapports principaux qui existent entre les nombres, entre les lignes, les surfaces, les solides de la science de l'étendue, on devrait s'étendre sur l'application des règles, des principes démontrés à la solution des problèmes, s'attacher à faire remarquer l'insuffisance de ces connaissances premières, la nécessité d'en

créer d'autres; l'Algèbre, soit pour généraliser l'Arithmétique, soit pour écrire les relations dictées par la Géométrie, viendrait ainsi à sa place. Pour exprimer la coexistence des angles et des côtés des figures rectilignes, on ferait sentir l'utilité d'inventer une Trigonométrie qui fît entrer dans l'Analyse des longueurs ou des rapports de longueur au lieu d'angles, afin de ne point détruire l'homogénéité du calcul. Lorsqu'en poursuivant l'étude de l'application de l'Algèbre simple à la Géométrie, on serait arrivé à considérer des lieux géométriques, à les chercher lorsqu'ils sont inconnus, on imaginerait alors l'application de l'Analyse à la Géométrie de Descartes, qui basée sur les découvertes précédentes, donnerait un plus vaste champ aux idées mathématiques, à la solution complète des problèmes de Géométrie. Enfin, après avoir considéré les sections coniques, les surfaces du second ordre, la discussion des lieux géométriques de degrés supérieurs exigerait un moyen général d'étudier les affections d'une courbe en un de ses points particuliers, par celle de toute ligne osculatrice en ce point, plus simple à considérer que la proposée; c'est ainsi que l'étude du Calcul infinitésimal viendrait tout naturellement terminer celle de l'Analyse mathématique en général.

On ne ferait plus aux sciences abstraites le reproche quelquefois fondé de considérer des choses toujours nouvelles, sans faire apercevoir ni le but vers lequel elles conduisent, ni la liaison naturelle de leurs parties.

Cette coordination des diverses branches des Mathématiques en ferait mieux concevoir toute la richesse, toute l'importance. Les nombeux problèmes qu'on devrait proposer soit pour exercer les connaissances acquises, soit pour faire sentir la nécessité d'en acquérir de nouvelles, auraient encore l'immense avantage d'habituer le mathématicien à surmonter les difficultés de son art, à inventer les moyens de l'enrichir, et c'est peut-être à la manière de présenter les découvertes passées, que la postérité devrait d'en voir augmenter le nombre.

4. L'enseignement des Mathématiques devrait être uniforme dans toutes ses parties, et c'est ce qui n'a lieu que jusqu'à un certain point. Les élémens et les hautes Mathématiques sont présentés d'une manière bien différente. Dans les élémens je comprends l'Arithmétique, la Géométrie, l'Algèbre et l'application de ces deux dernières parties. Quant à la Géométrie descriptive, le Calcul infinitésimal, l'Analyse appliquée, elles constituent les Mathématiques transcendantes. Chacune de ces deux branches distinctes a donc sa Géométrie, son calcul, et l'application de ces parties principales. Dans la première on voit souvent la Synthèse préférée; cette méthode énigmatique semble entièrement bannie de la seconde. Elle constituait la méthode des anciens; les modernes ont adopté l'analyse comme le plus sûr moyen d'augmenter leurs nombreuses découvertes. Les propositions de la Géométrie proprement dite se succèdent sans aucun but évident d'utilité; la Géométrie descriptive au contraire a été inventée et conduite par la pratique. L'Analyse de Descartes, telle qu'elle est enseignée, offre les propriétés des lignes les plus simples, sans presque donner l'occasion de les uti-

liser, tandis que l'Analyse de Monge ne voit que problèmes à résoudre et donne le moyen de trouver les lieux géométriques, plutôt que celui de les discuter.

Pour remédier à cette dissemblance qui est toute à l'avantage des découvertes récentes, ne pourrait-on pas présenter avec les élémens, certains emplois de leurs théorèmes, qui pussent diminuer la sécheresse de leur étude? Ne pourrait-on pas compléter l'application de l'Algèbre à la Géométrie, par une foule de recherches curieuses qui conduiraient naturellement à cette discussion des lieux géométriques, dans laquelle on a fait entièrement consister cette partie des Mathématiques?

On pourrait, en commençant par l'étude de la ligne droite, faire voir les constructions auxquelles peuvent donner lieu la position respective de deux lignes sur un même plan, leur angle, leur parallélisme, leur perpendicularité; considérer des longueurs déterminées, les partager en parties qui aient entre elles des rapports donnés; combinant ensuite la ligne droite avec le cercle, étudier leurs contacts, en construire de particuliers, faire remarquer dans les segmens capables l'immense avantage des lieux géométriques; passant à l'ensemble de plusieurs lignes, construire un triangle quand on a des données suffisantes, faire entrer successivement parmi ces données les hauteurs, les côtés, les angles, les lignes qui opèrent leurs bisections, les sommes, les différences, les produits, les rapports de ces différens élémens de la figure proposée; présenter des cas particuliers de la circonscription, de l'inscription des figures rectilignes et circulaires; en proposant des lieux géométriques conduire à la discussion des lignes du second degré; étudier les intersections, les contacts de ces nouvelles courbes, capables de jeter le plus grand jour sur leur théorie; enfin ne rien négliger dans toutes ces applications pour faire remarquer l'accord constant de l'Algèbre avec la Géométrie, accord qui permet de confier au calcul le soin de découvrir de nouveaux théorèmes.

Il faudrait principalement s'attacher à donner quelques méthodes générales pour la solution d'un problème, suivant la manière de l'aborder, de la conduire au résultat, et de traduire cette dernière partie dans le langage de l'énoncé. C'est sans doute ce qu'il y aurait de plus difficile; la multiplicité des moyens dont la Géométrie, dont l'Algèbre même peuvent se servir pour arriver au but proposé, la variété des questions, tout contribuerait à éloigner les méthodes générales; mais on pourrait, il me semble, classer les problèmes suivant les ressemblances plus ou moins grandes de leurs moyens de solution, et l'on parviendrait peut-être, sinon à une méthode unique, du moins à un composé fini de moyens différens, que l'on pourrait regarder comme généraux vu leurs nombreuses applications.

Tel est le but que je me propose dans le cours de cet Ouvrage. Je commencerai par récapituler les moyens de la Géométrie simple pour résoudre les problèmes; je lui associerai ensuite le calcul. Je rendrai les principes que je présenterai plus clairs, plus frappans, par quelques exemples; si les solutions que j'offre ne sont pas les plus simples, les plus élégantes, elles fourniront à mes lecteurs au moins un énoncé à travailler, et je m'applaudirai en faisant mal, d'avoir procuré à d'autres l'occasion de bien faire.

Analyse et Synthèse.

5. L'Arithmétique est une des sciences abstraites où l'on suit mieux la marche analytique; les règles, les opérations, se démontrent à mesure qu'on en a besoin, et l'on y voit toujours le but proposé. Dans la Géométrie au contraire on se dirige sans s'en apercevoir vers un but caché; on démontre des propositions dont on peut avoir besoin dans la suite, mais dont on ne voit nulle application immédiate. Ce n'est pas ainsi que les premiers géomètres ont été conduits vers leurs découvertes; une analyse pure fut toujours le guide des inventeurs. La similitude de position de deux lignes parallèles par rapport à une sécante fit sans doute naître cette théorie fondamentale de la science de l'étendue, dont on a déduit tant de théorèmes sur les angles, sur les surfaces, sur les solides. Mais c'est peut-être au peu de rigueur de l'Analyse en démontrant les découvertes primitives que nous devons l'invention de la Synthèse. On craignait de laisser subsister des doutes sur les premiers principes des sciences exactes, et l'on a mieux aimé essayer de détruire ces doutes nuisibles par la Synthèse que de laisser entrevoir par l'Analyse les traces des vérités qu'on voulait démontrer rigoureusement.

Il existerait cependant un moyen de suivre partout la rigueur mathématique sans s'éloigner de la route supposée des inventeurs; ce serait de conduire au principe qu'on veut faire connaître par des raisonnemens fondés sur quelques axiomes, et partant ensuite du théorème obtenu, démontrer son existence, sa généralité par une méthode tout-à-fait synthétique; les vérités seraient ainsi doublement prouvées, et les problèmes complètement résolus, puisqu'on y répondrait en donnant et la recherche de la solution et sa vérification.

Quoi qu'il en soit, cette méthode doit toujours être suivie dans la manière de présenter la solution d'un problème. L'Analyse éclaire ainsi la Synthèse; la Synthèse, de son côté, éclaircit les passages que l'Analyse n'a pour ainsi dire qu'effleurés.

6. La manière d'étudier les sciences abstraites sous le point de vue de leurs applications, consiste à récapituler les moyens qu'elles fournissent pour la solution d'un problème, pour la réponse à une question proposée. Elles doivent donc non-seulement démontrer les rapports des quantités qu'elles considèrent, mais encore apprendre à déterminer certaines de ces quantités inconnues, lorsqu'on donne les relations qui les lient à d'autres quantités de même espèce. La Géométrie s'attache plus particulièrement à la première partie, l'Algèbre s'occupe principalement de la seconde.

Voilà pourquoi la difficulté de résoudre un problème par l'Algèbre, consiste seulement dans la manière de traduire l'énoncé dans son propre langage, ou, pour parler algébriquement, dans la mise en équation des données et des inconnues de la question proposée.

Voilà d'où vient aussi que la solution d'un problème de Géométrie sans autre secours que la considération de ses figures, est souvent si pénible à trouver. C'est que la science de l'étendue donne bien des propositions, des théorèmes qui expriment les rapports des élémens d'une figure quelconque, mais n'enseigne point directement à isoler les grandeurs inconnues, à les déterminer par le moyen des données, que l'Algèbre au contraire commençant son ouvrage où la Géométrie semble avoir terminé le sien, part des équations primitives et au moyen de transformations générales, conduit à des équations finales qu'elle présente à la Géométrie pour traduire la solution, et la démontrant synthétiquement, prouver l'exactitude du résultat obtenu.

La recherche d'un problème de Géométrie est en général composée de trois parties : la mise en équations, la résolution des équations, et la vérification de la solution. La Géométrie s'occupe de la première et de la dernière de ces parties, l'Algèbre se charge exclusivement de la seconde.

7. Une solution est dite présentée synthétiquement, lorsqu'énoncée d'abord on en prouve l'exactitude, soit par une méthode inverse de celle qu'à suivie l'Analyse pour la trouver, soit enfin par la démonstration à l'absurde.

Il peut arriver qu'en énonçant géométriquement les relations qui existent entre les données et les inconnues d'un problème, la solution s'en déduise immédiatement ; mais bien qu'elle ait été trouvée sans l'intervention de l'Algèbre, la marche qu'on a suivie pour y arriver n'en est pas moins analytique.

L'habitude de ne voir que Synthèse dans la Géométrie, a fait penser que tout problème résolu par la Géométrie simple l'était synthétiquement; mais il est constant qu'un problème quel qu'il soit, ne peut être trouvé que par une méthode analytique. C'est toujours le raisonnement qui conduit à la découverte, et non pas la découverte qui conduit au raisonnement.

Pour prouver synthétiquement une proposition, on l'énonce d'abord, et si l'on en déduit une vérité déjà connue, il n'est plus permis de douter du principe d'où l'on est parti; on acquerrait la même certitude, si partant de résultats absolument contraires au proposé, on était conduit dans tous les cas à des conséquences évidemment absurdes. Mais de ce que la Synthèse suppose la chose existante et la démontre ensuite, il ne faut pas conclure, comme on le fait quelquefois, qu'une solution est synthétique lorsque pour la trouver on a d'abord supposé son existence. Pour être en droit de lui donner ce nom, il faut énoncer entièrement la manière de la construire, ou ce qui revient au même, la valeur de l'inconnue du problème; il faut de plus la démontrer immédiatement.

Proposons nous, par exemple, de trouver le côté du décagone régulier inscrit dans un cercle donné. Le problème sera résolu analytiquement si, supposant d'abord connu le triangle ABC (fig. 1), qui a son sommet au centre du cercle donné, et pour base le côté AB cherché, j'en déduis que chacun des angles à la base étant double de celui du sommet, la ligne BM qui partagerait l'un de ces angles en deux parties égales, diviserait le rayon opposé en deux segmens, dont l'un CM serait le côté cherché; que ces deux segmens étant proportionnels aux deux côtés du triangle adjacens à l'angle divisé, la ligne qui opère cette bisection partage le rayon en moyenne et extrême raison, et que par conséquent le côté inconnu est la plus grande de ces deux parties. La solution du même problème sera au contraire présentée synthétiquement si, énonçant d'abord que le côté inconnu, ou la base AB du triangle ABC, est la plus grande des deux parties qui composent le rayon AC divisé en moyenne et extrême raison, j'en conclus que la ligne qui joindrait le point M de cette division avec le sommet B opposé au rayon AC, partage l'angle B en deux parties égales, et que par conséquent dans le triangle isoscèle ABC, les angles à la base sont doubles de celui du sommet.

On voit donc que dans la recherche analytique d'un problème de Géométrie, on suppose ordinairement la figure construite, mais que l'on ne donne point directement l'énoncé de la solution. Cette simple supposition correspond à celle de l'Analyse algébrique, qui consiste à combiner l'inconnue comme si sa valeur était déterminée. En un mot, dans l'Analyse on part de cette hypothèse, que la construction existe, pour la trouver, tandis que dans la Synthèse on donne la construction, on la prouve ensuite, et son existence est pleinement démontrée.

Marche à suivre dans la recherche de la solution.

8. Il seroit impossible de donner une méthode générale, pour trouver complètement par une analyse purement géométrique, la solution d'un problème de Géométrie quel qu'il soit. La nature de la question, les diverses circonstances qui peuvent exister entre les données, influent trop sur les résultats, pour ne pas faire varier le moyen d'y arriver. Cependant il existe des principes à suivre qui sans être généraux, offrent

peu d'exceptions, des périodes qui sont communes à la recherche d'un grand nombre de problèmes, et qui doivent par conséquent être conduites de la même manière; c'est de la récapitulation de ces différens détails dont nous allons maintenant nous occuper.

Il faut toujours commencer par concevoir, ou tracer l'espèce de figure que l'on cherche à construire rigoureusement; de la considération de ses élémens, on déduit des relations entre les inconnues et les données, relations qui peuvent déterminer les premières par des constructions supposées prouvées en elles-mêmes. Tel est le problème précédent sur le côté du décagone régulier inscrit; nous avons conclu de certaines relations entre les angles du polygone demandé, que son côté serait trouvé si l'on savait diviser une ligne en moyenne et extrême raison. Si donc on suppose cette question résolue, le problème proposé le sera également.

9. C'est presque toujours en faisant dépendre la solution d'un problème de celle d'un autre plus simple, cette seconde d'une troisième, et ainsi de suite, que l'on parvient à une question dont la réponse est évidente. On réduit ainsi la proposée à une plus simple expression, et l'on pourrait comparer cette marche méthodique à celle que l'Algèbre emploie pour résoudre une équation à une seule inconnue, où par des transformations successives, elle parvient à isoler l'inconnue. La seule différence, c'est que l'Algèbre donne les moyens généraux de diminuer ainsi la difficulté du problème, que la Géométrie va souvent au hasard pour en trouver de très particuliers, et qu'il arrive quelquefois qu'elle complique l'énoncé au lieu de le simplifier.

Pour faire sentir les différens degrés par lesquels on descend d'un problème assez compliqué, à une question dont la réponse est évidente, nous nous proposerons le problème suivant.

Problème. *Dans le triangle* ABC (fig. 2), *mener une droite* DE *telle, que les deux segmens non adjacens entre eux* DB *et* EC *et la ligne* DE *soient dans des rapports donnés.*

Soit DE la ligne demandée, soit menée par le point D, DF parallèle à AC; par le point C, CF parallèle à DE; par les points B, F la droite BF jusqu'à la rencontre de AC en G; on aura

AG : AB :: DF : BD :: EC : BD.

Ce rapport étant donné, il est aisé de construire *à priori* le triangle ABG, et le problème proposé semblera dépendre de la question suivante :

Le triangle ABG *étant donné, et un point* C *sur la base* AG, *mener une ligne* DF *parallèle à la base, telle, qu'en joignant* FC *on ait* DF : FC :: *m* : *n*, *ou dans un rapport donné.*

Maintenant si par le point G on conçoit GX parallèle à FC jusqu'à la rencontre de BC en X, on aura

GX : FC :: BG : BF :: GA : FD,

d'où GX : GA :: FC : FD :: ED : EC.

Ce dernier rapport étant connu, la solution cherchée dépendra de nouveau de celle de ce 3e problème :

Trouver sur la ligne BC *un point* X *tel, que* GX *soit à* GA *dans le rapport de deux lignes* p *et* q.

Enfin cette dernière question est facile à résoudre lorsqu'on sait construire une 4e proportionnelle à 3 lignes données.

En effet, on construira une 4e proportionnelle aux lignes q, GA, et p; du point G comme centre avec cette ligne pour rayon, on décrira un arc de cercle qui coupera la ligne BC en deux points X et X′ satisfaisant au 3e problème; joignant GX, menant CF parallèle à cette droite, FD à AC, le 2e problème sera résolu; enfin menant DE parallèle à CF, le problème proposé le sera pareillement. Puisqu'il existe deux points X satisfaisant au 3e problème, il existe aussi deux manières de répondre à la question primitive. De ces deux solutions, la première DE sera comprise dans l'angle BAC, la seconde D′E′ dans son opposé par le sommet. D'après cette construction les lignes DE, DB, EC sont dans les rapports donnés ainsi que les lignes D′E′, D′B, E′C, comme il serait d'ailleurs aisé de le démontrer synthétiquement.

Le problème général de la détermination des surfaces du second ordre par la Géométrie descriptive, nous donnera par la suite un exemple encore plus frappant du principe que nous venons d'énoncer.

10. Il arrive assez souvent que le problème auquel on descend, n'est qu'un cas particulier du problème à résoudre. On sait par exemple que pour trouver le centre d'un cercle tangent à trois autres dont les centres seraient c, c', c'', et les rayons R, R′, R″, il suffit de chercher le centre d'un cercle passant par le point c'' et tangent à deux autres ayant pour centres c et c', et pour rayons $(R \pm R'')$ $(R' \pm R'')$; nouveau problème qui n'est qu'un cas particulier du premier, puisque le point c'' peut être considéré comme un cercle de rayon nul. Nous pouvons en donner un autre exemple dans la solution suivante.

PROBLÈME. *Étant donnés les deux côtés adjacens à l'angle* A *du triangle* ABC (fig. 3), *et la ligne* AD *dont la direction partage cet angle en deux parties égales, construire ce triangle.*

Soit ABC le triangle demandé ; si l'on conçoit par le point D, DF perpendiculaire sur AD jusqu'à la rencontre de AB en F ; par le point C une parallèle CE à cette ligne, on aura AE = AC, par conséquent BE = AB — AC ; et comme on a de plus EF : FB :: DC : BD :: AC : AB, le point F est aisé à déterminer *à priori* : cette ligne AF étant connue, pour trouver l'angle A et par suite le triangle ABC, il suffit de résoudre ce nouveau problème, cas particulier du proposé :

PROBLÈME. *Étant donnés le côté* AF *d'un triangle isoscèle* FAF′ *et la perpendiculaire* AD *du sommet sur la base, construire ce triangle.*

D'après cela, l'angle $\frac{1}{2}$ A sera déterminé en construisant un triangle rectangle dont AF serait l'hypoténuse, AD un des côtés, l'angle total s'ensuivra, et le problème proposé sera résolu. La Synthèse donnerait aisément la vérification de cette solution.

11. Il y a des problèmes de Géométrie où l'on est analytiquement conduit à construire une figure semblable à celle que l'on cherche, et dont les élémens sont pris parmi les données. Par exemple, si connaissant les trois hauteurs d'un triangle, on proposait de le construire, on pourrait être ainsi conduit à la construction.

Soient h, h', h'' les trois hauteurs ; a, a', a'' les trois côtés inconnus : les rectangles ah, $a'h'$, $a''h''$, représentant chacun le double de la surface du triangle demandé, sont égaux entre eux. On en déduit les proportions

$a : a' :: h' : h$, $a : a'' :: h'' : h$; on peut donc construire un triangle semblable au proposé, si h' est dans cette figure le côté homologue à a, h et $\frac{h'h}{h''}$ seront les homologues de a' et de a''. Connaissant ainsi les angles du triangle demandé, le reste de la solution n'offre plus de difficulté.

Méthode inverse.

12. Il ne faut pas confondre ce cas particulier avec cette méthode connue sous le nom d'*inverse*, qui consiste à renverser l'énoncé, à prendre pour données les inconnues, et réciproquement. En résolvant ce nouveau problème, on construit une figure semblable à celle que l'on cherche; si l'on connaît ensuite une seule ligne de cette dernière, il sera facile de la construire elle-même.

C'est sur-tout quand il s'agit d'inscrire dans un polygone donné une figure semblable à une autre aussi donnée, que l'on préfère la méthode inverse à la méthode directe. La circonscription des figures semblables ayant l'avantage d'offrir par les segmens capables, des lieux géométriques, des sommets du polygone à construire.

S'il s'agit, par exemple, d'inscrire un quadrilatère dont on connaît les angles et le rapport des côtés dans un autre quadrilatère donné, on pourra renverser l'énoncé et se proposer de circonscrire à un quadrilatère donné, un autre quadrilatère semblable à une figure aussi donnée.

Supposons qu'il faille circonscrire à ABCD (fig. 4) un polygone $a'b'c'd'$ semblable à $abcd$. Le sommet a' devra se trouver sur le segment capable de l'angle a, construit sur l'un des côtés du quadrilatère ABCD sur le côté AB par exemple, et si de plus l'angle $b' = b$ doit correspondre au côté AD, on pourra construire sur les côtés DA, AB, BC, des segmens capables des angles b, a, c du second polygone, sur lesquelles circonférences devront se trouver les sommets inconnus du polygone cherché. Si l'on pouvait déterminer de nouveaux lieux géométriques de ces mêmes points, le problème serait résolu. Or soient b', c', a', les points satisfaisant à la question; la droite $a'b'$ passera par le point A, la ligne $A'C'$ par le point B, de plus on doit avoir $\frac{a'b'}{a'c'} = \frac{ab}{ac} = \frac{a}{b}$. Soit A' le second point d'intersection des deux cercles ADb', ABa', tous les triangles qui auraient leur sommet en A', et pour base une double corde telle que $a'Ab'$ seront semblables, puisque leurs angles en a' et b' auraient tous pour mesure la moitié des mêmes arcs AA'; le rapport $\frac{A'a'}{a'b'}$ que nous représenterons par $\frac{p}{q}$ pourra donc être regardé comme connu; par la même raison, le rapport $\frac{a'B'}{a'c'} = \frac{r}{s}$ sera facile à déterminer; on en déduira $\frac{a'A'}{a'B'} = \frac{p}{q} \cdot \frac{s}{r} \cdot \frac{a}{b}$; mais si l'on partage l'arc $A'B'$ en deux parties égales au point M, et que l'on conçoive $a'M$, cette ligne partagera l'angle $B'a'A'$ en deux parties égales, et par conséquent la base $A'B'$ en deux parties $A'N$ et $B'N$, proportionnelles aux deux côtés $A'a'$, $B'a'$; ce rapport étant connu, il sera facile de trouver *à priori* le point N, par suite la ligne MNa', nouveau lieu géométrique du point a'; joignant $a'Bc'$, $a'Ab'$, $b'D$, $c'C$, le problème sera résolu. L'inverse s'en déduirait aisément. Ce problème est susceptible de huit solutions, deux pour lesquelles l'angle a correspond au côté AB, et deux pour chacun des autres côtés du quadrilatère ABCD.

On résoudrait encore par l'inverse et de la même manière, la question suivante.

PROBLÈME. *Quatre droites étant données sur un même plan, mener une transversale telle, que les trois parties interceptées soient dans des rapports donnés.*

13. Dans l'exemple précédent, le rapport des deux figures semblables exigées par la méthode inverse, est absolument indéterminé; mais on peut lier quelquefois ces deux parties, de manière à faire disparaître cette indétermination; la construction n'en est que plus élégante, et il n'existe plus, pour ainsi dire, rien d'indirect dans l'analyse de la question proposée. Soit proposé de construire un cercle assujéti à passer par deux points donnés, et à couper une droite sous un segment capable d'angle connu.

Si M et N sont les deux points donnés (fig. 5), AB la ligne donnée, que MNAB soit le cercle qui satisfait à la question; on pourra construire sur MN un segment capable de l'angle connu; et si l'on conçoit prolongées les lignes BN, AM jusqu'à la rencontre de ce lieu géométrique en A′ et B′, il sera aisé de prouver que les quadrilatères MNAB, MNA′B′ sont semblables, et les lignes AB, A′B′ parallèles. Soit C le centre du cercle inconnu, C′ celui du cercle MNA′; ils se trouveront tous les deux sur la perpendiculaire élevée sur le milieu de MN, laquelle droite viendra couper la ligne AB en un point P, situé dans la figure MNA, de la même manière que le point P′ d'intersection de C′P′ perpendiculaire sur AB et de MN, l'est dans la figure semblable NMA'. Or, les points P, P' sont faciles à déterminer; le point A' de la figure A'B'N, homologue au point M de la figure MNA, sera connu, en faisant l'angle C'P'A' = CPM. Connaissant le point A', la ligne A'B' parallèle à AB, et les droites B'MA, A'NB acheveront la solution.

Avantage de la Géométrie.

14. S'il n'est aucune marche tracée pour la recherche de la solution d'un problème, par la simple considération des figures, cette incertitude est peut-être une des grandes richesses de la Géométrie. Il arrive souvent en effet, qu'en suivant une certaine route pour aller à la découverte, on rencontre la solution d'un problème différent du proposé, qu'on n'eût sans doute pas trouvé aussi facilement, s'il se fût agi de le résoudre directement. Qui doit-on donc le plus admirer, ou du calcul qui commence ses travaux avec confiance, et finit presque toujours par répondre à la question, ou de la Géométrie qui part sans rien promettre, et revient quelquefois offrir avec la solution du problème, celle de plusieurs autres qu'on ne lui demandait pas, et qu'elle a recueilli sur son passage?

Dans la proposition précédente, la similitude des deux quadrilatères ABMN, A'B'MN et le parallélisme des lignes AB et A'B', fournissent un moyen très simple de construire un quadrilatère inscriptible dans un cercle lorsqu'on en connaît les quatre côtés.

Soient les quatre côtés $MA = a$, $AB = b$, $BN = c$, $MN = d$. D'après les considérations précédentes, on aura $AB = b$, $AB' = a + \frac{cd}{b}$, $A'B' = \frac{d^2}{b}$, $A'B = c + \frac{ad}{b}$

pour les quatre côtés du trapèze ABA′B′, à la construction duquel se réduit le problème proposée. On peut trouver directement ces quatre lignes en fonction des données, par une construction très simple; il suffit de former un quadrilatère quelconque, avec les quatre longueurs données, sur le côté d comme homologue au côté b, construire un quadrilatère semblable; les lignes $a\frac{d}{b}$, $c\frac{d}{b}$, $d\frac{d}{b}$ seront les homologues de a, c, d; pour trouver le trapèze ABA′B′, soit conçue B′Q parallèle à A′B, AQ sera la différence AB — A′B′, AB′ le côté $a+\frac{cd}{b}$, B′Q le côté $c+\frac{ad}{b}$, on pourra donc construire *à priori* le triangle AB′Q, par suite le trapèze, et enfin le quadrilatère inscrit proposé.

On déduira aisément de la solution précédente, la démonstration de ce théorème.

Théorème. *Dans tout quadrilatère inscrit, les diagonales sont entre elles comme les sommes des rectangles, des côtés qui aboutissent à leurs extrémités.*

En effet, les triangles ANB′, A′MB sont semblables et donnent les proportions AN : MB :: AB′ : BA′ :: $a+\frac{cd}{b}:c+\frac{ad}{b}::ab+cd:cb+ad$.

Lieux géométriques.

15. Les questions de Géométrie se réduisent presque toujours à la recherche d'un ou de plusieurs points. Un point est ordinairement déterminé par l'intersection de deux lieux géométriques, sur lesquels il jouit de deux propriétés différentes et réunies. Ce n'est guère que lorsque ces lieux géométriques peuvent se réduire à la ligne

droite ou au cercle, qu'il est possible d'employer une analyse purement géométrique, pour déterminer le point demandé, attendu que les constructions synthétiques ne sont regardées comme rigoureuses, qu'avec l'emploi de la règle et du compas. Or, comme les propriétés de tous les points d'un lieu géométrique, sont les seules qui puissent donner lieu à son emploi, et que les propriétés de la ligne droite et du cercle sont très limitées, on conçoit aussi une limite pour la quantité de problèmes de Géométrie qu'on pourrait résoudre avec la ligne droite et le cercle, du moins dans ce qui concerne la détermination d'un ou de plusieurs points; il est même beaucoup de ces problèmes que l'on pourrait attribuer à la Géométrie pure, parce que leur construction ne suppose que la connaissance de ses premiers élémens, et qui n'en ont pas moins été déduits de l'Analyse algébrique. Il est vrai que la Géométrie conduit aux mêmes résultats; mais dans ce cas, son analyse participe un peu des propriétés pour ainsi dire enigmatiques de la synthèse; c'est le grand défaut de la Géométrie quand elle veut concourir avec l'Algèbre.

16. En un mot, parmi les lieux géométriques, il n'est guère que la ligne droite et le cercle, considéré surtout comme segment capable, dont on puisse attribuer la découverte à la Géométrie. C'est en étudiant leurs applications à la solution des problèmes, sur-tout à la construction des triangles, qu'on a dû remarquer l'immense avantage des lieux géométriques, et c'est sans doute cette remarque qui a donné naissance aux recherches faites sur les sections coniques, et enfin à cette analyse sublime de Descartes, où d'une propriété com-

mune à tous les points d'une courbe, on déduit son expression analytique.

Pour donner cependant un exemple de la découverte d'un lieu géométrique, par la seule considération des données, soit proposée la question suivante :

PROBLÈME. *Trouver le lieu géométrique décrit par un anneau pesant* M (fig. 6) *mobile sur une corde* QMC *de longueur constante* l, *dont une extrémité* C *est fixe, et l'autre* Q *assujétie à descendre suivant une verticale* AV.

La direction verticale d'une force imprimée à l'anneau mobile, doit diviser en deux parties égales l'angle QMC, formé par les deux cordons partiels QM, MC; c'est-à-dire que si on prolonge la ligne CMQ' jusqu'à la rencontre en Q' de la verticale AV, le triangle QMQ' sera isoscèle; on aura donc $QM = Q'M$ et $CQ' = QM + CM = l$; le lieu géométrique demandé est donc la droite CQ' hypoténuse du triangle rectangle ACQ', facile à construire, puisque AC et $CQ' = l$ sont connus.

Il arrive souvent qu'en étudiant les propriétés d'une figure, les cas particuliers d'un théorème, on découvre comme par hasard un lieu géométrique; la méthode qui l'a ainsi déterminé est toujours analytique, puisque le raisonnement seul y conduit. Par exemple, en étudiant les propriétés des tangentes communes à deux cercles, on pourra conclure la réponse à la question suivante :

PROBLÈME. *Etant donné un point et un cercle, trouver le lieu géométrique du point qui partagerait en deux parties, dans un rapport constant, la ligne menée du point donné, à l'un quelconque des points de la circonférence.*

Quoi qu'il en soit, comme il ne faut pas toujours s'attendre à ces découvertes du hasard, lorsqu'un lieu géométrique est proposé, il vaut mieux le chercher d'abord par l'application de l'Algèbre à la Géométrie; et s'il participe de la ligne droite ou du cercle, on pourra ensuite interroger la Synthèse pour vérifier la solution.

Toute propriété du cercle ou de la ligne droite, trouvée par l'Analyse algébrique, et mise au nombre des propositions géométriques, soit par la Synthèse, soit par toute autre méthode purement géométrique, doit reculer les bornes de la science de l'étendue, dans la solution des problèmes, puisqu'elle lui fournit de nouveaux lieux géométriques, ou pour ainsi dire de nouvelles coordonnées pour déterminer les points inconnus. Si on voulait conserver à la Géométrie l'honneur apparent de la découverte, il faudrait laisser entrevoir la route qu'elle eût pu suivre pour y arriver; mais cette nouvelle méthode analytique serait peut-être aussi loin de la route naturelle de l'inventeur, que la Synthèse même.

Par exemple, l'Algèbre seule à dû trouver que le lieu géométrique du point dont les distances à deux points donnés, seraient dans un rapport constant, est une circonférence de cercle; la Géométrie pure n'a fait que le prouver; et si l'on voulait forcer son analyse à donner le même résultat, elle conserverait toujours une certaine apparence énigmatique, qui dévoilerait son impuissance.

On pourrait en effet aborder ainsi qu'il suit, la recherche de ce lieu géométrique : soit M (fig. 7), un des points du lieu géométrique, A et B les points donnés tels que l'on ait AM:MB :: $\alpha:\beta$ rapport donné; la ligne MN qui opère la bisection de l'angle M, passe constamment par le point N, qui partage AB en deux segmens AN et BN, proportionnels aux lignes α et β. Si l'on conçoit NP parallèle à BM, NQ à AM, le parallélogramme MPNQ sera un losange; la diagonale PQ sera donc perpendiculaire sur le milieu de MN; si donc O est son point de rencontre avec AB, on aura ON = OM; d'ailleurs le parallélisme des lignes AP et NQ, QB et PN donne ON : OB :: PN : QB :: AN : BN; la ligne ON ou OM ne dépend donc que des segmens constans AN et BN, elle est donc constante. Le lieu géométrique demandé est donc un cercle facile à déterminer. On pourrait sur AN et BN construire des triangles équilatéraux; la ligne qui joindrait leurs sommets irait passer par le centre O du cercle cherché, dont ON est le rayon.

Si l'on proposait, étant donnés quatre points A, B, C, D en ligne droite, de trouver hors de cette ligne un point X tel, que les lignes AB, BC, CD, y soient vues sous un même angle, la recherche du lieu géométrique précédent donnerait pour la construction de ce problème, l'intersection de deux cercles.

Algèbre.

17. Concluons cependant que, lorsqu'il s'agit de déterminer un lieu géométrique, la position d'une certaine ligne, d'une certaine surface, par rapport à d'autres lignes, d'autres surfaces données, on doit préférer l'application de l'Algèbre à la Géométrie. Cette méthode consiste principalement à mettre les problèmes en équation, c'est-à-dire, à l'énoncer algébriquement. Il faut ensuite manier les équations, les données primitives, de façon à obtenir des résultats prompts et satisfaisans, but que

l'on n'atteint pas aisément. Cependant la marche sûre et méthodique de cette analyse, la symétrie, la variété des éliminations, conduisent à des équations finales où la réponse à la question se trouve écrite. Ainsi parvenu au résultat algébrique, il reste à le traduire dans le langage de l'énoncé proposé; c'est là le terme, le fini de l'ouvrage; mais souvent l'écueil du Mathématicien, un obstacle que la solidité du raisonnement peut seule surmonter.

Il ne faut pas croire cependant, que cette partie soit toujours la pierre de touche de la sagacité mathématique. Il est des résultats extrêmement simples, des problèmes dont l'Analyse semble se jouer, et pour lesquels elle ne croit pas nécessaire d'avoir des secrets; c'est sur-tout quand la Géométrie simple peut répondre d'elle-même à la question, que l'Analyse est si docile; cette dernière est en effet le guide du Géomètre; et quand il s'avise de marcher sans elle vers un but quelconque, elle semble lui prouver, par sa simplicité, qu'il serait arrivé plus vite s'il eût suivi ses conseils.

Il faut étudier l'énoncé d'un problème de Géométrie, avant de l'exprimer en Analyse; commencer par écrire les données, par les mettre en équation. S'agit-il d'un point? deux conditions, deux coordonnées suffisent pour le déterminer sur un plan; il en faut trois lorsqu'il est situé d'une manière quelconque dans l'espace. S'agit-il d'un lieu géométrique continu? il sera exprimé par une ou deux équations entre trois variables. Si c'est une ligne plane, il suffit d'une seule équation qui établisse une relation entre les deux coordonnées de chacun de ses points. C'est ainsi que l'Algèbre traduit un énoncé géométrique dans son propre langage, pour le présenter, pour le travailler ensuite à sa manière.

Viennent ensuite des éliminations, des transformations, dont l'utilité n'est point incertaine; il ne faut jamais perdre de vue le résultat désiré, chercher constamment le plus court chemin pour y arriver. La Géométrie, lorsqu'elle est seule employée à la recherche d'une solution, dévie souvent de sa route, pour aller à la découverte; la bonne Analyse au contraire, connaît l'endroit où elle doit frapper, et s'y dirige sans détours.

Après avoir tracé les différentes périodes de la solution des problèmes par l'Algèbre, je vais les parcourir avec plus de détails, et chercher à lever les difficultés, à résoudre les cas particuliers qui pourraient se présenter.

Notation.

18. Dans le calcul, il faut toujours choisir les notations les plus avantageuses; soit pour aider la mémoire, soit pour abréger les éliminations. Autant il serait ridicule de faire consister dans de simples conventions, la majeure partie des Mathématiques, autant il serait exagéré de les en bannir entièrement. Elles détruisent quelquefois l'aridité du calcul, et l'on pourrait dire que la notation est à l'Analyse, ce que l'arrangement et le choix des mots est à la clarté du style. Avec son secours, les calculs les plus longs deviennent une somme de transformations semblables, et il ne faut plus pour achever le tout, que la patience de répéter la partie principale. C'est avec de pareilles inventions que l'Analyse algébrique, si pénible dans son origine, est parvenue

au point de donner des leçons de simplicité à la Géométrie même.

19. Quand les données d'un problème peuvent être placées par rapport aux axes coordonnés, de manière à simplifier les équations, sans en troubler la symétrie, il faut toujours en profiter; mais si cette simplification de position anéantit cette même symétrie, en détruisant les quantités qui pourraient la faire apercevoir, elle n'est plus qu'apparente, et il vaut mieux placer les axes coordonnés d'une manière arbitraire. Si l'équation finale est plus longue, la similitude de ses termes, non seulement donne le moyen de la retenir plus facilement quand l'importance de son usage l'exige, mais encore procure l'immense avantage de pouvoir y lire plus facilement la réponse à la question proposée. C'est une phrase longue sans affectation, qu'on doit préferer à une plus courte, mais souvent moins intelligible.

Expression analytique de la communauté d'intersection des lieux géométriques.

20. La mise en équation d'un problème de Géométrie ne se réduit pas toujours à la récapitulation des données; souvent il existe des relations à exprimer, des équations de condition à obtenir, avant d'aborder la recherche de la solution. On ne surmonte pas toujours avec une égale facilité ces obstacles préliminaires; souvent la longueur et le nombre des éliminations à effectuer, pour exprimer une partie d'un énoncé, le fait rejeter entièrement; et il arrive en cela, comme dans beaucoup d'autres circonstances, qu'un abord peu flatteur fait mal soupçonner du reste.

Une de ses difficultés premières, est d'exprimer qu'un point ordinairement donné par l'intersection de deux lignes, se trouve en même temps sur un troisième lieu géométrique; qu'une ligne toujours déterminée par l'ensemble de deux surfaces, leur est commune avec une troisième.

J'essayerai de lever cette difficulté, en m'appuyant sur ce principe évident; que si l'on combine les équations de deux lieux géométriques d'une manière quelconque, l'équation résultante exprime un troisième lieu géométrique, sur lequel se trouve l'intersection des deux premiers. De ce que cette combinaison peut se faire d'une infinité de manières, je conclurai que si l'intersection de deux courbes, de deux surfaces, doit se trouver sur une troisième courbe, une troisième surface donnée, il doit exister une équation combinée de celles des deux premières courbes, des deux premières surfaces, qui exprimera la dernière courbe, la dernière surface donnée. Tout se réduit donc, dans tout les cas, à trouver de quelle manière doit s'effectuer cette combinaison.

Je supposerai d'abord que les trois lieux géométriques soient du même degrés D, je désignerai par $E=0$, $E'=0$, $E''=0$ leurs équations. Si on multiplie respectivement les deux premières par deux indéterminées m et m', et qu'on les ajoute ensuite, l'équation $mE+m'E'=0$, résultante de cette combinaison, sera du même degré que les équations proposées, et pourra représenter, vu l'indétermination du rapport $\frac{m}{m'}$, tout lieu géométrique du degré D, passant par les intersections des lignes ou surfaces, représentées par les équations.

$E=0$, $E'=0$. Mais puisque le lieu géométrique du degré D, dont l'équation est $E''=0$, doit aussi passer par ces mêmes intersections, il doit aussi pouvoir être représenté par l'équation $mE+m'E'=0$; on peut donc disposer et du rapport et de l'une des deux indéterminées m et m', pour identifier les polynomes $mE+m'E'$ et E''; ce qui conduira en général à autant de relations entre m, m', et les coefficiens des équations proposées, que l'équation du degré D entre deux ou trois variables, peut admettre de coefficiens. Si on élimine ensuite les indéterminées m et m', on aura les relations définitives qui doivent exister entre les coefficiens des équations proposées, pour exprimer analytiquement la communauté d'intersection des lieux géométriques qu'elles représentent.

Il est aisé de voir que dans le cas de trois lignes du degré D, situées sur un même plan, on parvient à $[\frac{1}{2}(D+1)(D+2)-2]$ équations de condition, et que pour exprimer que trois surfaces du même ordre ont même ligne d'intersection, il faut $[\frac{1}{2.3}(D+1)(D+2)(D+3)-2]$ relations entre les constantes qui les déterminent analytiquement.

Si l'on voulait exprimer que quatre surfaces du degré D, ont mêmes points d'intersection, en supposant que leurs équations fussent $E=0$, $E'=0$, $E''=0$, $E'''=0$, on démontrerait par des raisonnemens semblables aux précédens, qu'il doit y avoir identité entre les polynomes $mE+m'E'+m''E''$ et E''', m, m', m'' étant indéterminées. L'élimination de ces trois constantes entre les équations qu'exigerait cette identité conduirait à $[\frac{1}{2.3}(D+1)(D+2)(D+3)-3]$ relations entre les coefficiens des quatre équations proposées, lesquelles devront être satisfaites, pour qu'il y ait communauté d'intersection entre les quatre surfaces qu'elles représentent.

Le principe ci-dessus énoncé, n'exige pas, pour être appliqué, que les lieux géométriques proposés soient du même degré. On peut encore exprimer les rencontres communes de lieux géométriques de familles différentes. Par exemple, lorsque deux sections coniques doivent avoir leurs points d'intersections sur une seule ligne droite, on peut chercher la combinaison de leurs deux équations, qui pourrait être identifiée à une équation représentant la ligne droite; l'élimination de l'élément indéterminé de cette combinaison, conduira à des relations analytiques, entre les constantes qui déterminent la forme et la position respective des deux courbes; conditions qui existeront nécessairement, toutes les fois que deux courbes du second degré devront avoir leurs points communs situés sur une même ligne droite. On peut effectuer cette combinaison, soit en faisant descendre le degré de l'équation combinée à celui de la ligne droite, par la nullité des quarrés et rectangles des coordonnées; soit en faisant au contraire monter le degré de l'équation de la ligne droite, par une composition nulle de deux facteurs égaux aussi nuls par eux-mêmes. Ces différentes manières de combiner les équations proposées, pour exprimer les conditions demandées, conduisent à des résultats différens, ce qu'on explique aisément en résolvant la question sous ces deux points de vue.

21. Tel est le moyen d'élimination que l'on peut

employer, pour exprimer analytiquement la communauté d'intersections de plusieurs lieux géométriques. En traitant ce sujet, mon principal but est de faciliter la traduction analytique de divers énoncés; si je ne réussis pas complètement, je crois du moins que les propositions suivantes, qui en dérivent aisément, peuvent conduire à la solution d'un grand nombre de problèmes curieux ; et que d'un principe qui n'est rien en lui-même, je déduis des corollaires dont l'utilité n'est pas incertaine.

PROBLÈME I. *Trouver les conditions nécessaires pour que trois droites passent par un même point.*

Solution. Soient les équations des trois droites, ainsi qu'il suit :

$$\left.\begin{array}{l} a\,x+b\,y+c\,=0 \\ a'x+b'y+c'=0 \\ a''x+b''y+c''=0 \end{array}\right\} \quad (1);$$

l'élimination de x et y entre elles, donnera sur-le-champ, pour la condition cherchée, l'équation

$$ab'c''-ac'b''+ca'b''-ba'c''+bc'a''-cb'a''=0 \quad (2).$$

Mais on peut parvenir au même résultat, par un procédé un peu différent qui, à la vérité, n'a dans le cas présent aucun avantage marqué sur celui-là, mais qui nous sera fort utile pour les autres recherches auxquelles nous aurons ensuite à nous livrer.

En prenant la somme des produits des deux premières équations (1) par deux multiplicateurs indéterminés m, m', il viendra

$$(am+a'm')\,x+(bm+b'm')\,y+(cm+c'm')=0 \quad (3),$$

équation qui, à cause de l'indétermination des multiplicateurs m, m', est propre à représenter toutes les droites qui passent par l'intersection des deux premières droites (1).

Si donc on veut que ces droites se coupent en un même point, il devra être possible de disposer des indéterminées m et m', de manière à faire coïncider la troisième équation (1) avec l'équation (3). Cela donnera

$$am+a'm'=a'',\ bm+b'm'=b'',\ cm+c'm'=c'' \quad (4);$$

et, en éliminant m et m' entre ces trois équations, on retombera de nouveau sur l'équation (2).

PROBLÈME II. *Trouver les conditions nécessaires pour que trois lignes du second ordre se coupent suivant les mêmes points.*

Solution. Soient les équations des lignes dont il s'agit ainsi qu'il suit :

$$\left.\begin{array}{l} ax^2+2bxy+cy^2+2dx+2ey+f=0 \\ a'x^2+2b'xy+c'y^2+2d'x+2e'y+f'=0 \\ a''x^2+2b''xy+c''y^2+2d''x+2e''y+f''=0 \end{array}\right\} (1).$$

Soit prise la somme des produits des deux premières équations, par deux multiplicateurs indéterminés m et m'; on aura ainsi

$$(am+a'm')x^2+2(bm+b'm')xy+(cm+c'm')y^2+2(dm+d'm')x+2(em+e'm')y+(fm+f'm')=0 \quad (2),$$

équation qui, dans sa généralité, représente toutes les lignes du second ordre qui passent par les intersections des deux premières lignes (1).

Remarquons, avant d'aller plus loin, que cette équation pourrait fort bien, en général, appartenir à une parabole; mais de deux manières seulement, puisque la condition $(bm+b'm')^2=(am+a'm')(cm+c'm')$ détermine le rapport $\frac{m}{m'}$, et ne lui assigne uniquement que deux valeurs. Remarquons encore que cette équation ne saurait généralement appartenir à un cercle. Il faudrait en effet, pour cela, qu'on eût en même temps,

$$am+a'm'=cm+c'm',\quad bm+b'm'=0,$$

équation d'où l'on tire

$$\frac{m}{m'}=-\frac{a'-c'}{a-c},\quad \frac{m}{m'}=-\frac{b'}{b},$$

et par suite

$$b(a'-c')=b'(a-c).$$

Telle est donc la condition nécessaire et suffisante, pour qu'un cercle puisse passer par les intersections de nos deux courbes.

Mais cette même équation (2) pourra représenter une infinité d'ellipses et d'hyperboles; et si l'on veut en particulier, qu'elle représente la troisième courbe (1) ou, ce qui revient au même, si l'on veut que les trois courbes (1) aient les mêmes intersections, il faudra qu'on ait à la fois,

$$\left.\begin{array}{lll} am+a'm'=a'', & bm+b'm'=b'', & cm+c'm'=c'' \\ dm+d'm'=d'', & em+e'm'=e'', & fm+f'm'=f'' \end{array}\right\}(3).$$

L'élimination de m et m' entre ces six équations, conduira à quatre autres qui exprimeront les conditions cherchées.

Les équations

$$am+a'm'=a'',\quad bm+b'm'=b'',\quad dm+d'm'=d'',$$

sont *(Problème I)* celles qui exprimeraient que les trois droites

$$\begin{array}{l} ax+by+d=0, \\ a'x+b'y+d'=0, \\ a''x+b''y+d''=0, \end{array}$$

concourent en un même point. Mais on sait d'ailleurs

que chacune de ces dernières équations est celle du diamètre de chaque courbe, qui coupe en deux parties égales les cordes parallèles à l'axe des x; et puisque la direction de cet axe est quelconque, on en peut conclure le théorème suivant :

Théorème. *Si plusieurs sections coniques ont quatre points communs, dans quelque direction qu'on leur mène des diamètres parallèles, les conjugués de ces diamètres concourront en un même point.*

Problème III. *Trouver les conditions nécessaires pour que trois plans se coupent suivant une même droite.*

Solution. En supposant que les équations soient

$$\left.\begin{array}{l} ax+by+cz+d=0 \\ a'x+b'y+c'z+d'=0 \\ a''x+b''y+c''z+d''=0 \end{array}\right\} \quad (1),$$

on parviendra aux conditions cherchées, en exprimant que la somme des produits des deux premières équations, par deux multiplicateurs m, m', est la même que la troisième; on obtiendra ainsi les quatre équations

$$am+a'm'=a'', \quad bm+b'm'=b'',$$
$$cm+c'm'=c'', \quad dm+d'm'=d'' \quad (2),$$

entre lesquelles il faudra éliminer m et m', ce qui donnera deux conditions.

Deux quelconques des trois premières équations (2) jointes à la quatrième, prouvent que les traces de nos trois plans sur un des plans coordonnés, c'est-à-dire, sur un plan quelconque, doivent concourir en un même point; ce qui est d'ailleurs évident.

Problème IV. *Trouver les conditions nécessaires*

pour que trois surfaces du second ordre se coupent suivant une même courbe.

Solution. En supposant, pour les équations des surfaces dont il s'agit,

$$\left.\begin{array}{l} ax^2+by^2+cz^2+2dxy+2exz+2fyz+2gx+2hy+2kz+l=0 \\ a'x^2+b'y^2+c'z^2+2d'xy+2e'xz+2f'yz+2g'x+2h'y+2k'z+l'=0 \\ a''x^2+b''y^2+c''z^2+2d''xy+2e''xz+2f''yz+2g''x+2h''y+2k''z+l''=0 \end{array}\right\}(1),$$

et exprimant que la dernière est la somme des produits des deux autres par deux multiplicateurs indéterminés m, m', on obtiendra les dix équations

$$\left.\begin{array}{ll} am+a'm'=a'', & fm+f'm'=f'' \\ bm+b'm'=b'', & gm+g'm'=g'' \\ cm+c'm'=c'', & hm+h'm'=h'' \\ dm+d'm'=d'', & km+k'm'=k'' \\ em+e'm'=e'', & lm+l'm'=l'' \end{array}\right\}(2),$$

entre lesquelles éliminant m et m', on obtiendra les conditions cherchées, lesquelles conséquemment seront au nombre de huit.

La première, la quatrième et la cinquième équation de la première colonne, jointes à la deuxième de la seconde, prouvent que les trois plans dont les équations sont

$$\left.\begin{array}{l} ax+dy+ez+g=0 \\ a'x+d'y+e'z+g'=0 \\ a''x+d''y+e''z+g''=0 \end{array}\right\}(3),$$

se coupent suivant une même droite; mais ces plans sont les conjugués des diamètres de nos trois surfaces parallèles à l'axe des x, c'est-à-dire à une droite quelconque; on a donc le théorème suivant.

Théorème. *Lorsque plusieurs surfaces du second ordre se coupent suivant une même courbe, les plans diamétraux conjugués à des diamètres parallèles de ces surfaces, se coupent tous suivant une même droite.*

Si la troisième équation (1) représentait une sphère, il faudrait qu'on eût à la fois

$$am + a'm' = bm + b'm' = cm + c'm'$$
$$dm + d'm' = em + e'm' = fm + f'm' = 0,$$

entre lesquelles éliminant $\frac{m}{m'}$, il viendrait

$$\frac{a-b}{a'-b'} = \frac{a-c}{a'-c'} = \frac{d}{d'} = \frac{e}{e'} = \frac{f}{f'},$$

conditions au nombre de quatre, qui expriment que la commune section des deux premières surfaces (1) est sur une sphère.

Problème V. *Trouver la condition nécessaire pour que quatre plans concourent en un même point.*

Solution. En supposant que les équations de ces quatre plans soient

$$\left.\begin{array}{l} ax + by + cz + d = 0 \\ a'x + b'y + c'z + d' = 0 \\ a''x + b''y + c''z + d'' = 0 \\ a'''x + b'''y + c'''z + d''' = 0 \end{array}\right\} (1),$$

on pourrait d'abord parvenir à la condition cherchée, en éliminant x, y, z entre ces quatre équations; mais on y parviendra également en exprimant que la somme des produits des trois premières, par trois multiplicateurs indéterminés m, m', m'', est la même que la quatrième; cela donne les quatre équations

$$\left.\begin{array}{ll} am + a'm' + a''m'' = a''', & cm + c'm' + c''m'' = c''' \\ bm + b'm' + b''m'' = b''', & dm + d'm' + d''m'' = d''' \end{array}\right\} (2),$$

entre lesquelles éliminant m, m', m'', on parviendra également à la condition cherchée.

Problème VI. *Trouver les conditions nécessaires pour que quatre surfaces du second ordre aient les mêmes points d'intersection.*

Solution. En supposant pour les équations des surfaces dont il s'agit,

$$(1)\left\{\begin{array}{l}ax^2+by^2+cz^2+2dxy+2exz+2fyz+2gx+2hy+2kz+l=0,\\a'x^2+b'y^2+c'z^2+2d'xy+2e'xz+2f'yz+2g'x+2h'y+2k'z+l'=0,\\a''x^2+b''y^2+c''z^2+2d''xy+2e''xz+2f''yz+2g''x+2h''y+2k''z+l''=0,\\a'''x^2+b'''y^2+c'''z^2+2d'''xy+2e'''xz+2f'''yz+2g'''x+2h'''y+2k'''z+l'''=0,\end{array}\right.$$

il faudra exprimer que la quatrième est la somme des produits des trois autres par les multiplicateurs indéterminés m, m', m'', ce qui donnera les dix équations

$$(2)\left\{\begin{array}{ll}am+a'm'+a''m''=a''', & fm+f'm'+f''m''=f''',\\bm+b'm'+b''m''=b''', & gm+g'm'+g''m''=g''',\\cm+c'm'+c''m''=c''', & hm+h'm'+h''m''=h''',\\dm+d'm'+d''m''=d''', & km+k'm'+k''m''=k''',\\em+e'm'+e''m''=e''', & lm+l'm'+l''m''=l''',\end{array}\right.$$

entre lesquelles éliminant m, m', m'', on parviendra aux conditions cherchées, lesquelles seront conséquemment au nombre de sept.

Les première, quatrième et cinquième équations de la première colonne, jointes à la seconde de la deuxième, prouvent (*Problème V*) que les quatre plans dont les équations sont

$$\begin{array}{l}ax+dy+ez+g=0,\\a'x+d'y+e'z+g'=0,\\a''x+d''y+e''z+g''=0,\\a'''x+d'''y+e'''z+g'''=0,\end{array}$$

concourent en un même point; mais ces plans sont les plans diamétraux conjugués aux diamètres qui, dans nos surfaces, se trouvent parallèles à l'axe des x, c'est-à-dire à une droite quelconque; on a donc le théorème que voici.

THÉORÈME. *Lorsque des surfaces du second ordre passent toutes par les mêmes points d'intersection, leurs plans diamétraux conjugués à des diamètres parallèles, concourent tous en un même point.*

Si la quatrième des équations (1) appartenait à une sphère, il faudrait qu'on eût

$$am+a'm'+a''m''=bm+b'm'+b''m''=cm+c'm'+c''m'',$$
$$dm+d'm'+d''m''=em+e'm'+e''m''=fm+f'm'+f''m''=0,$$

ce qui donnerait en éliminant $\frac{m'}{m}$, $\frac{m''}{m}$, les trois conditions

$$(a-b)(d'e''-e'd'')+(a'-b')(d''e-e''d)+(a''-b'')(de'-rd')=0,$$
$$(a-c)(d'e''-e'd'')+(a'-c')(d''e-e''d)+(a''-c'')(de'-ed')=0,$$
$$de'f''-df'e''+fd'e''-ed'f''+ef'd''-fe'd''=0,$$

qui expriment que les huit points d'intersection de trois surfaces du second ordre, se trouvent situés sur une même sphère.

Scholie. Puisque la condition de passer par la même courbe établit huit relations entre les coefficiens des équations de trois surfaces, que la condition de passer par les mêmes points n'en établit que sept entre les coefficiens des équations de quatre autres surfaces du second ordre; on peut en conclure que les huit points d'intersection de trois surfaces ne sont pas placés d'une manière arbitraire, que le huitième dépend des sept premiers, et enfin que trois surfaces qui seraient assujéties à passer par huit points quelconques, doivent avoir même courbe d'intersection. Le théorème du problème IV a donc lieu pour trois surfaces assujéties à passer par huit points quelconques.

PROBLÈME VII. *Exprimer que deux sections coniques ont leurs points d'intersection situés sur une même ligne droite.*

Solution. Les deux sections coniques seront en général représentées par les deux équations

$$(1)\begin{cases} ax^2 + 2bxy + cy^2 + 2dx + 2ey + f = 0, \\ a'x^2 + 2b'xy + c'y^2 + 2d'x + 2e'y + f' = 0; \end{cases}$$

toute combinaison de ces deux équations qui n'en augmenterait pas le degré sera de la forme

$$(2)\quad (am + a'm')\,x^2 + 2\,(bm + b'm')xy + (cm + c'm')y^2 \\ + 2\,(dm + d'm')\,x + 2\,(em + e'm')\,y + (fm + f'm') = 0;$$

elle représentera un lieu géométrique des points d'intersection des courbes (1); mais si tous ces points doivent se trouver sur une même ligne droite, il faut que l'équation (2) puisse se réduire au premier degré, par la disparition des termes en x^2, xy, y^2, ce qui donne

$$(3)\quad am + a'm' = bm + b'm = em + c'm' = 0,$$

ou bien encore, se décomposer en deux facteurs égaux en x, y, ce qui exige que l'on ait les équations de condition

$$(4)\begin{cases} (am + a'm')\,(cm + c'm') = (bm + b'm')^2, \\ (am + a'm')\,(fm + f'm') = (dm + d'm')^2, \\ (cm + c'm')\,(fm + f'm') = (em + e'm')^2. \end{cases}$$

Dans le premier cas, l'élimination du rapport $\frac{m}{m'}$ entre les équations (3) conduit à deux relations $\frac{a}{a'} = \frac{c}{c'} = \frac{b}{b'}$ entre les trois premiers coefficiens des équations des sections coniques proposées; elles indiquent qu'elles doivent être de même nature et semblables, leurs axes principaux étant de plus parallèles entre eux. Mais ces conditions ne déterminent nullement la distance respective des centres ou des axes de ces courbes, en sorte que cette manière de résoudre la question démontre ce théorème.

Deux sections coniques de même nature, dont les

axes sont proportionnels en grandeur, parallèles en direction, n'ont et ne peuvent avoir que deux points communs.

Dans le second cas au contraire, l'élimination du rapport $\frac{m}{m'}$, conduirait à des relations entre les coefficiens des équations (1) exprimant que les sections coniques qu'elles représentent ont un double contact. En effet l'équation (2) peut d'abord être considérée comme l'ensemble de deux lignes droites, qui finissent par se confondre en une seule quand le premier membre de l'équation qui les représente devient un quarré parfait. Tant que ces lignes sont différentes, elles joignent deux à deux les quatre points communs aux deux sections coniques, et l'on concevra aisément d'après cela, que ces courbes doivent avoir un double contact quand les droites se confondent en une seule; cette réunion ne pouvant avoir lieu sans que les quatre points d'intersection se confondent aussi deux à deux.

Cette dernière manière d'envisager la question, fournit une méthode pour trouver la position des axes principaux d'une section conique. En effet, si l'une des sections coniques proposées est un cercle de rayon R, dont le centre ait pour coordonnées α, β, on pourra éliminer entre les équations de condition (4), le rapport $\frac{m}{m'}$, et le rayon R, la dernière équation en α, β, représentera le lieu géométrique des centres de tous les cercles qui pourraient avoir un double contact avec la section conique donnée, et ce lieu géométrique est, comme on le sait d'ailleurs, l'ensemble des deux axes principaux.

On résoudrait deux problèmes analogues aux précédens, en cherchant les conditions nécessaires pour que deux surfaces du second ordre se coupent suivant une courbe plane. Si l'on exprime que la combinaison des équations de ces deux surfaces doit se réduire à une équation du premier degré, par la disparition des termes d'un degré supérieur, on démontrera ce théorème, que, Deux surfaces du second ordre de même nature, dont les axes seraient proportionnels en grandeur, parallèles en direction, quelle que soit d'ailleurs la distance respective de ces mêmes axes, ne peuvent se couper que suivant une courbe plane. Si au contraire on veut que la combinaison du second degré des équations proposées, se réduise à l'ensemble de deux plans confondus, on aura des relations analytiques exprimant que les deux surfaces sont tangentes suivant une courbe plane, ou plus généralement tangentes entre elles.

22. Cette manière de combiner les équations peut encore servir à exprimer la nature particulière de certains lieux géométriques. C'est une partie d'un éconcé qui exige souvent de longues recherches.

PROBLÈME I. *Exprimer qu'une surface du second ordre est cylindrique.*

Soit l'équation de cette surface

$$L = Ax^2 + A'y^2 + A''z^2 + 2Byz + 2B'xz + 2B''xy + 2Cx + 2C'y + 2C''z + D = 0;$$

les coordonnées du centre seront données par les équations

$$\left.\begin{aligned} \frac{1}{2}\cdot\frac{dL}{dx} &= Ax + B''y + B'z + C = 0 \\ \frac{1}{2}\cdot\frac{dL}{dy} &= B''x + A'y + Bz + C' = 0 \\ \frac{1}{2}\cdot\frac{dL}{dz} &= B'x + By + A''z + C'' = 0 \end{aligned}\right\} (a);$$

elles représentent trois plans diamétraux de la surface; si elle est cylindrique, ils doivent se couper suivant l'axe ; l'une quelconque de ces équations doit donc être une conséquence des deux autres. Si donc on multiplie la première par m, la deuxième par m' et qu'on les ajoute, on pourra disposer des indéterminées m et m' pour que cette somme soit identique avec la troisième. Si donc on élimine m et m' entre les quatre équations

$$Am + B''m' = B', \quad B''m + A'm' = B,$$
$$B'm + Bm' = A'', \quad Cm + C'm' = C'',$$

on aura deux relations pour l'expression demandée...,

$$(AA' - B''^2)C'' + (B'B'' - AB)C' + (BB'' - A'B')C'' = o,$$
$$(A'A'' - B^2)C + (B'B - A''B'')C' + (B''B - A'B')C'' = o.$$

Problème II. *Exprimer qu'une surface du second ordre est conique.*

Dans ce cas, le centre est situé sur la surface, et il faut que l'équation $L = o$, et les équations (a) aient lieu en même temps; la première peut se mettre sous la forme

$$x(Ax + B''y + B'z + C) + y(B''x + A'y + Bz + C')$$
$$+ z(B'x + By + A''b + C'') + Cx + C'y + C''z + D = o,$$

et en vertu des trois autres, se réduit à

$$\text{(b)} \quad Cx + C'y + C''z + D = o;$$

de sorte que pour achever la solution, il suffit d'exprimer que les quatre plans (a) et (b) se coupent en un même point.

Problème III. *Exprimer qu'une surface du second degré est l'ensemble de deux plans.*

Dans ce cas, des quatre équations (a) et (b), deux quelconques doivent être une conséquence des deux autres; ce qui donne quatre relations.

Si les plans sont parallèles, deux quelconques des équations (a) sont des conséquences de la troisième; on a

$$B'B'' = AB,\quad BB'' = A'B',\quad BB' = A''B'',\quad BC = B'C' = B''C''.$$

PROBLÈME IV. *Exprimer qu'une surface du second ordre est de révolution.*

Soit toujours $L = 0$, l'équation de la surface; soient a, b, c, les coordonnées du centre; l'équation de la surface pourra se mettre sous la forme

$$(1)\quad A(x-a)^2 + A'(y-b)^2 + A''(z-c)^2 + 2B(y-b)(z-c) + 2B'(x-a)(z-c) + 2B''(x-a)(y-b) + D' = 0.$$

Si la surface est de révolution, il faut que la sphère qui aurait pour équation

$$(2)\quad (x-a)^2 + (y-b)^2 + (z-c)^2 = R^2,$$

la coupe suivant deux cercles, dont les plans seront perpendiculaires à l'axe de révolution, et situés à égale distance du centre. Soient

$$(x-a) = m(z-c),\quad (y-b) = n(z-c),$$

les équations de l'axe; celle des deux plans perpendiculaires seront de la forme

$$(z-c) + m(x-a) + n(y-b) = \alpha,$$
$$(z-c) + m(x-a) + n(y-b) = -\alpha,$$

et leur ensemble sera représenté par l'équation

$$(3)\quad m^2(x-a)^2 + n^2(y-b)^2 + (z-c)^2 + 2n(y-b)(z-c) + 2m(x-a)(z-c) + 2mn(x-a)(y-b) = \alpha^2.$$

Les trois lieux géométriques (1), (2), (3) doivent donc avoir même intersection; il faut donc qu'en multipliant la première par l'indéterminée P, la seconde par Q et les ajoutant, le résultat puisse être identifié avec la troisième, ce qui conduira aux équations

$$QR^2 = PD' + \alpha^2,$$
$$AP + Q = m^2, \quad A'P + Q = n^2, \quad A''P + Q = 1,$$
$$BP = n, \quad B'P = m, \quad B''P = mn;$$

la première indique la relation qui doit exister entre R et α ; et comme le résultat doit être indépendant de ces quantités, il suffira de considérer les six dernières; si donc on élimine P, Q, m, n, le résultat se composera de deux équations qui constitueront l'expression demandée

$$BB''(A'' - A) = B'(B^2 - B''^2),$$
$$B'B''(A'' - A') = B(B'^2 - B''^2).$$

Ce résultat étant indépendant des coordonnées du centre, a encore lieu pour exprimer qu'un paraboloïde est de révolution.

Théorie des Transversales.

23. Dans toutes les applications précédentes nous avons nommé ligne du second degré, tout lieu géométrique indiqué par une équation à deux coordonnées x et y élevées seulement aux deux premières puissances, et surfaces du second ordre, toute surface qu'une équation du deuxième degré à trois variables pourrait représenter. Il suit de là, que l'ensemble de deux lignes droites est compris dans la première dénomination, que l'ensemble de deux plans est une surface du second ordre. C'est peut-être pour ces réunions de lieux géométriques du premier degré, que l'Analyse a le plus besoin des théorèmes que nous venons de démontrer. Les problèmes les plus utiles qu'on puisse lui proposer, regardent souvent la ligne droite et le plan ;

elle ne doit donc pas négliger tout ce qu'elle peut apprendre sur la transformation de leurs équations.

En général, quand on doit considérer les intersections d'un ensemble de deux lignes droites avec des lieux géométriques du second degré, il est plus simple d'exprimer cet ensemble par une même équation ; on diminue par ce moyen le nombre des éliminations ; souvent même cette conformité du degré des équations à combiner peut seule conduire à un résultat prompt et satisfaisant ; on dirait que l'Analyse se plaît à mettre en rapport des lieux géométriques d'une même classe, et qu'elle montre au contraire de la répugnance à rapprocher des classes différentes.

Pour donner une preuve frappante de l'utilité de cette remarque, nous ferons voir avec quelle facilité l'Analyse peut démontrer les principes de la théorie des transversales.

Problème. *Si par un point fixe pris sur le plan d'une section conique donnée, on mène deux sécantes à cette courbe, que l'on joigne par des droites les extrémités réciproques des cordes résultantes, quel sera le lieu géométrique de l'intersection de ces nouvelles sécantes?*

La ligne du second degré donnée peut, dans tous les cas, être représentée par l'équation

$$(1)\quad y^2 + px^2 = 2qx.$$

Soit α, β les coordonnées du point M donné, α', β' celles du point M' dont on cherche le lieu géométrique ; l'ensemble des deux premières sécantes aura une équation de la forme

$$(2)\quad (y-\beta)^2 + 2A(x-\alpha)(y-\beta) + B(x-\alpha)^2 = 0;$$

les deux autres seront représentées par une autre équation analogue,

$$(3) \quad (y-\beta')^2 + 2A'(x-\alpha')(y-\beta') + B'(x-\alpha')^2 = 0.$$

Les lignes (1), (2), (3), devant avoir mêmes points d'intersection, on devra avoir entre les coefficiens des équations qui les représentent, et les constantes arbitraires m et m', les six relations

$$(4) \left\{\begin{array}{l} m+m'=1, \quad mA+m'A'=0, \quad mB+m'B'=p, \\ m\beta+m'\beta'+mA\alpha+m'A'\alpha'=0, \\ mB\alpha+m'B'\alpha'+mA\beta+m'A'\beta'=q, \\ m\beta^2+m'\beta'^2+2mA\alpha\beta+2m'A'\alpha'\beta'+mB\alpha^2+m'B'\alpha'^2=0. \end{array}\right.$$

Si l'on substitue A' et B' en fonction de A et B dans les trois dernières, elles deviendront

$$m\beta + m'\beta' + mA(\alpha-\alpha') = 0,$$
$$mB(\alpha-\alpha') + mA(\beta-\beta') + (p\alpha'-q) = 0,$$
$$m\beta^2 + m'\beta'^2 + mA(\alpha+\alpha')(\beta-\beta') + (\beta+\beta')(\alpha-\alpha')$$
$$+ mB(\alpha+\alpha')(\alpha-\alpha') + p\alpha'^2 = 0;$$

l'élimination de A et B entre ces trois équations conduit à

$$(m+m')\beta\beta' + (p\alpha'-q)(\alpha+\alpha') - p\alpha'^2 = 0;$$

considérant que $(m+m')=1$ en vertu de la première des équations (4), on aura

$$(5) \quad \beta\beta' + p\alpha\alpha' = q(\alpha+\alpha');$$

on en déduit que le lieu géométrique demandé est une ligne droite. Si le point donné α, β, est extérieur à la courbe (1), la droite (5) joint les points de contact des deux tangentes menées par ce point à la section conique.

Cette réponse à la question proposée fournit un moyen de mener des tangentes à une section conique donnée par un point extérieur, sans autre usage que celui de la règle. Par le point donné M (fig. 8), on mènera deux sécantes quelconques MAB, MA'B'; on joindra AA', BB'; AB' et A'B, le point d'intersection des deux premières droites, celui des deux dernières devant être situés sur la ligne qui joint les points de contact, cette ligne est déterminée, et son intersection avec la courbe donnée déterminera aussi les points de contact, et par suite les tangentes.

Si la section conique était l'ensemble de deux lignes droites, la nouvelle droite que l'on obtiendrait pour le lieu géométrique, irait nécessairement passer par l'intersection des deux premières. On peut déduire de cette remarque une solution graphique de ce problème. Par un point donné, mener une droite qui aille passer par le point de concours de deux autres droites données qu'on ne saurait prolonger.

L'un des points M, M' pouvant être supposé situé à l'infini, on peut regarder comme démontrées les deux propositions suivantes, dont la première nous sera très utile par la suite.

THÉORÈME. *Si l'on joint deux à deux les extrémités réciproques de deux cordes parallèles d'une section conique, les points d'intersection de ces nouvelles sécantes seront situés sur le diamètre qui divise ces cordes en deux parties égales.*

THÉORÈME. *Si les deux lignes* bc, b'c' (fig. 9), *sont parallèles à la base* BC *du triangle* ABC, *les droites* bc', bc' *se couperont sur la ligne qui joint le sommet* A *et le milieu de la base du triangle.*

La réponse à la question précédente pourrait se déduire de la solution du problème suivant, analogue.

PROBLÈME. *Deux cônes du second degré et une surface du même ordre, ayant une intersection commune, si le sommet de l'un des cônes reste fixe, que la troisième surface soit aussi constante de forme et de position, quel sera le lieu géométrique du sommet du second cône?*

Les équations des trois surfaces seront, en représentant par x', y', z', x'', y'', z'', les coordonnées des sommets des deux cônes,

$$(1)\quad (x-x')^2+a(y-y')^2+b(z-z')^2+2c(x-x')(y-y') +2d(x-x')(z-z')+2e(y-y')(z-z')=0,$$
$$(2)\quad (x-x')^2+a'(y-y')^2+b'(z-z')^2+2c'(x-x')(y-y') +2d'(x-x')(z-z')+2e'(y-y')(z-z')=0,$$
$$(3)\quad px^2+qy^2+rz^2=2sx+2ty.$$

On exprimera que ces trois surfaces se coupent suivant une même ligne, au moyen de dix relations entre les coefficiens a, b, c, etc., a', b', c', etc., p, q, r, s, t, et deux indéterminées m et m', si l'on élimine entre ces dix équations neuf des dix coefficiens a, b, c, etc., a', b', c'...; le résultat sera indépendant du dernier et des constantes m et m', et l'équation finale

$$(4)\quad px'x''+qy'y''+rz'z''=s(x'+x'')+t(y'+y''),$$

indique que le sommet x'', y'', z'' est constamment situé sur un même plan. Lorsque le sommet fixe (x', y', z') est extérieur à la surface (3), ce plan est celui de contact avec la surface (3) du cône de tangence qui aurait son sommet au point (x', y', z'). En effet, si l'on désignait par x', y', z' les coordonnées courantes; par x'', y'', z'' celles d'un point de la surface (3), son plan tangent en ce point aurait pour équation, l'équation (4); si au contraire x', y', z' sont constans, pour exprimer que le plan tangent doit passer par un point fixe, cette équation exprime le plan sur lequel se trouvent tous les points de contact x'', y'', z''.

L'un des cônes pouvant se réduire à l'ensemble de deux plans, on peut regarder comme démontré que :

Si un cône du deuxième degré ayant son sommet en un point m, coupe une surface du même ordre suivant deux courbes planes, les plans de ces deux courbes et celui de contact du cône de tangence, à la surface donnée, ayant son sommet au point m, se couperont tous trois suivant une même ligne droite.

D'ailleurs on sait que si le sommet d'un cône tangent à une surface du second ordre, se meut sur une ligne droite donnée, le plan de la courbe de contact passera toujours par la droite qui joint les points de contact des plans tangens à la surface menés par la droite donnée. On peut donc encore regarder comme démontré par la solution précédente, 1°. que si le sommet (x', y', z') du cône (1) se meut sur une droite donnée, le sommet (x'', y'', z'') du cône (2) se mouvra sur une seconde droite, laquelle passera par les points de contact des plans tangens à la surface (3) menés par la première droite.

2°. Que si l'intersection d'un cône du second degré, et d'une surface du même ordre se compose de deux courbes planes, que les plans de ces courbes passent par une droite donnée, le sommet du cône sera situé sur la droite qui joint les points de contact avec la surface des plans tangens menés par la ligne fixe. Enfin, dans ce dernier cas, si par la droite qui joint ces points de contact, on conçoit un plan quelconque, qui couperait la surface suivant une section conique, le cône suivant deux arêtes, les plans sécans et tangens suivant des lignes droites passant par un même point, on pourra conclure aisément la solution du problème analogue, relatif aux courbes du second degré qui est résolu directement ci-dessus.

Toutes les fois qu'il s'agit de résoudre deux problèmes analogues, l'un dans l'espace, l'autre sur le plan, il vaut mieux commencer par résoudre celui de l'espace; souvent on en déduit rigoureusement la solution demandée sur le plan, tandis qu'en résolvant d'abord la question la plus simple, on ne ferait que deviner l'autre par analogie. Il y a même quelquefois de l'avantage à traiter d'abord le problème de l'espace analogue à un problème proposé seulement sur le plan; par exemple, on ignorerait beaucoup de solutions élégantes du problème du cercle tangent à trois autres, si leurs inventeurs ne les avaient été chercher dans les sphères. Il est vrai qu'en généralisant ainsi un problème, on peut le rendre plus compliqué; mais aussi cette généralité donne-t-elle une solution plus applicable à tous les cas particuliers de l'énoncé. C'est, pour ainsi dire, une question d'Arithmétique résolue par l'Algèbre, pour obtenir une formule où se trouve écrite la réponse à toutes les questions semblables.

Détermination des courbes et surfaces par la Géométrie descriptive.

24. En appliquant aux lignes et surfaces du second degré, le moyen d'élimination que nous avons indiqué, nous avons déduit de la simple considération de quelques équations, la démonstration de plusieurs théorèmes

qui peuvent servir à la solution complète des problèmes suivans.

Problème I. *Etant donnés quatre points sur un plan, déterminer graphiquement tous les élémens d'une parabole assujétie à passer par ces quatre points.*

Soient A, B, C, D (fig. 10) les quatre points donnés; les droites ABM, CDM peuvent être considérées dans leur ensemble comme une section conique, ayant avec la parabole à déterminer quatre points communs; il en sera de même des droites AND, BNC. D'après le théorème du *Problème II* (page 32), les diamètres conjugués à un système quelconque de cordes parallèles, appartenant à ces deux réunions de lignes droites, et à la parabole demandée, devront se couper en un même point. Il suit de là, que si l'on pouvait déterminer la direction des cordes, pour lesquelles les trois diamètres conjugués sont parallèles, la direction de ces diamètres serait celle du grand axe de la courbe cherchée.

Soit donc proposé de mener par le point B une droite BX, coupant AD en X, DC en Y, telle qu'il y ait parallélisme entre les lignes qui joignent les sommets M et N, avec les milieux respectifs des cordes BY, BX. Supposons le problème résolu. Considérons le parallélogramme BNXQ, les lignes NQ, BX en seront les diagonales, par conséquent, l'angle GBC=DNC et la droite BX partage en deux parties égales la corde RN et toutes celles qui lui seraient parallèles. On devra donc avoir PE=PF, E et F étant les points de rencontre de MP, parallèles à NQ, avec les deux côtés de l'angle CBG; la figure BFYE sera donc un parallélogramme. On aura alors les proportions

EY : FC :: MY : MC, EG : FY :: MG : MY,

mais EY = BF et EY : FC :: EG : FY; on a donc

$$BF : FC :: MY : MC, \quad BF : FC :: MG : MY;$$

ces deux nouvelles proportions multipliées l'une par l'autre, donnent

$$\overline{BF}^2 : \overline{FC}^2 :: \overline{MG} : \overline{MC};$$

on pourra donc *à priori* déterminer le point F, et par suite la direction MP qui doit-être celle du grand axe ou de tout autre diamètre de la parabole cherchée. Le point F pouvant être situé sur BC ou sur son prolongement, on voit qu'il existera deux directions MP, et par suite deux paraboles assujéties à passer par les quatre points donnés; c'est un résultat que le calcul nous avait offert dans une autre circonstance. (*Problème II,* pag. 32).

Ayant ainsi déterminé la direction des diamètres de la parabole, proposons-nous de mener une tangente à cette courbe, en un des points donnés, par le point D, par exemple. Cette tangente doit-être parallèle aux cordes que le diamètre DE (fig. 11) divise en deux parties égales. Si d'un point quelconque de ce diamètre, on pouvait mener deux tangentes à la parabole, la droite qui joindrait leurs points de contact serait conjuguée à ce diamètre, par conséquent parallèle à la tangente au point D. Or, si l'on prolonge BA jusqu'à la rencontre de DE en F, il sera aisé de déterminer la position de la ligne de contact des tangentes menées par ce point. En effet, la ligne FBA est une sécante ainsi que la ligne FDE, pour laquelle un des points d'intersection avec la courbe est situé à l'infini; si donc on joint deux à deux les intersections réciproques de ces deux sécantes avec la section conique cherchée par les droites AMD et BM parallèles à DE, et encore par les droites DBN et NA aussi parallèles à DE, les points M et N d'intersection de ces nouvelles sécantes, devant être situés sur la ligne de contact des tangentes, à la parabole menée par le point F, elle sera déterminée par cette construction, ainsi que la tangente au point D qui doit lui être parallèle.

D'après cela, il sera aisé de trouver la position du foyer, le grand axe, et le sommet de la parabole cherchée. En effet, la tangente en un point D étant construite, pour trouver celle en tout autre point, au point B, par exemple, il suffit d'observer que ces deux tangentes doivent se couper en un même point K (fig. 12), situé sur le diamètre conjugué à la corde BD. Les lignes menées des point de contact au foyer sont autant inclinées sur les tangentes que les diamètres; si donc on les construit au moyen de cette propriété, leur point d'intersection sera le foyer F, et donnera un des points du grand axe dont on connaît la direction. Pour trouver la position du sommet, on prolongera le diamètre GB de BN = BF; la droite NL, perpendiculaire au grand axe, sera la directrice, et le milieu S de FL le sommet de la parabole.

Problème II. *Déterminer graphiquement tous les élémens d'une section conique assujétie à passer par cinq points donnés sur un plan.*

Soient A, B, C, D, E (fig. 13) les cinq points donnés; les lignes AB, CD peuvent être considérées dans leur ensemble comme une section conique, ainsi que les droites AC, BD; ces deux lieux géométriques du deuxième degré ayant quatre points A, B, C, D communs avec la courbe cherchée, les trois diamètres conjugués aux systèmes de cordes parallèles à DE, se couperont en un même point P, qu'il est aisé de construire, puisque l'on peut déterminer les deux diamètres conjugués correspondans aux deux lieux géométriques du deuxième degré (AB, CD) et (AC, BD) : la droite qui joindrait ce point P et le milieu Q de la droite DE sera donc le diamètre conjugué appartenant à la section conique demandée. Par une construction entièrement semblable, on construirait la direction d'un autre diamètre de cette même courbe conjugué à la corde AE. L'intersection de ces deux diamètres sera le centre de la section conique cherchée. S'ils étaient parallèles, la courbe du second degré qui passerait par les cinq points donnés serait une parabole, dont on déterminerait les autres élémens comme dans le problème précédent.

Si le centre n'est pas situé à l'infini, la courbe sera une ellipse ou une hyperbole; son centre O et trois de ces points A, B, C (fig. 14) suffiront pour la déterminer entièrement. Pour y parvenir, nous nous proposerons d'abord de trouver la position de deux de ses diamètres conjugués. Soit prolongée la ligne AO de OD = AO; D sera la seconde extrémité du diamètre AOD. Si d'un point fixe pris sur ce diamètre on suppose menées deux sécantes à la courbe, qu'on joigne deux à deux les extrémités réciproques des cordes qu'elles déterminent; ces nouvelles sécantes se couperont sur une droite conjuguée au diamètre AD (pag. 46). Si donc on prend pour point fixe, le point M de rencontre de BC avec DA, et pour sécantes ces mêmes droites, le point P d'intersection des droites AB, CD, et le point Q d'intersection de AC et DB détermineront la direction PQ du diamètre

OE conjugué à AD. Une parallèle BR à OE assignera la nature de la section conique; si elle vient rencontrer le diamètre AO entre A et D, la courbe demandée sera une ellipse, et une hyperbole dans le cas contraire.

Si la section conique doit être une ellipse, on pourra déterminer la longueur du diamètre conjugué à AO, connaissant AD, la direction OE (fig. 15) et le point B seulement. En effet, soit AO $=m$, EO $=n=$ le demi-diamètre inconnu; on observera que dans l'ellipse proposée rapportée à ces deux diamètres, et dans celle qui aurait pour axes rectangulaires AD $=2m$, et HOK $=2n$, des ordonnées d'égales grandeurs correspondent aux mêmes abscisses. Si donc on élève PQ $=$ PB perpendiculaire à AD, il suffira de trouver le demi-axe n d'une ellipse dont le second demi-axe OA $=m$ serait donné, et dont on connaîtrait de plus un point Q. Pour cela on décrira du rayon A un cercle concentrique à la courbe proposée, lequel viendra couper PQ en un point R, tel que $\frac{m}{n}$ sera égal à $\frac{\text{PR}}{\text{PQ}}$. Pour construire OE $=n$ quatrième proportionnelle à m, $\overline{\text{PQ}}$, $\overline{\text{PR}}$, soit pris OS $=m$; la droite SR viendra couper OA prolongée en un point V, et VB devra passer par le point E.

Connaissant ainsi les grandeurs et les directions de deux diamètres conjugués de l'ellipse proposée, on peut déterminer les deux axes principaux de cette section conique. En effet, la tangente TAT′ (fig. 16) parallèle à OE, doit couper les deux directions OT, OT′ de ces axes en des points T et T′, tels que l'on ait $\text{AT} \times \text{AT}' = \overline{\text{OE}}^2 = n^2$ (ce qu'il est facile de vérifier par l'Analyse); si donc au point A on élève AF $=$ OE perpendiculaire à la tangente AT, il suffira pour déterminer les points T et T′, de construire un cercle qui passerait par les points F et O, et qui aurait son centre sur la tangente. TT′ étant le diamètre de ce cercle d'après cette construction, $AT \times AT' = \overline{AF}^2 = \overline{DE}^2$, et l'angle TOT′ sera droit. Enfin, pour trouver la longueur des axes de l'ellipse, sur OT′, comme diamètre, on décrira un cercle qui rencontra AP, parallèle à OT, en un point Q, de sorte que T′Q sera tangent au cercle de rayon OQ qui aurait son centre en O; il sera aisé, d'après cela, de démontrer que OQ est le demi-axe A dont OT′ serait la direction; le second demi-axe B sera ensuite donné par la proportion $\frac{\overline{AP}}{\overline{PQ}} = \frac{B}{A}$, et tous les élémens de l'ellipse seront connus.

Si la section conique doit être une hyperbole, on pourra se proposer de déterminer les asymptotes de la courbe. Soit AO (fig. 17) un demi-diamètre, AT la direction de son conjugué; AT sera la tangente au point A, et si T et T′ sont les deux points de rencontre avec les deux asymptotes, on devra avoir AT = AT′. Soit B un autre point de la courbe, C le point milieu de la corde AB; si A′, B′ sont les points d'intersection de cette sécante avec les asymptotes, on devra encore avoir B′C = A′C. Supposons menée TS parallèle à AB; elle coupera OC en un point F tel, que FT = FS = AA′, puisque TA = T′A et A′C = B′C. Soit encore D le point d'intersection de AT et CO; les lignes A′F, AD seront parallèles ainsi que A′O et AF, ce qui donnera les proportions

$$CA : CA' :: CD : CF,$$
$$CA : CA' :: CF : CO,$$

qui multipliées l'une par l'autre, donnent enfin

$$\overline{CA}^2 : \overline{CA'}^2 :: CD : CO;$$

on pourra donc aisément déterminer le point A′ et par suite les asymptotes. Opérant la bisection des angles qu'elles font entre elles, on aura la direction des axes principaux de l'hyperbole. Si l'on suppose ce lieu géométrique rapporté à ses deux asymptotes comme axes coordonnés, le produit des coordonnées correspondantes à un point quelconque, doit être égal au quarré de la demi-distance du centre à l'un des foyers; on pourra donc aisément déterminer cette distance entière. Connaissant ainsi les foyers, la distance du centre au pied de la perpendiculaire abaissée d'un des foyers sur une asymptote, sera la longueur du demi-grand axe de l'hyperbole, et les élémens de cette courbe seront tous déterminés.

Problème III. *Déterminer le sommet d'un cône dont on donne huit points, savoir, cinq sur un plan, et trois dans l'espace.*

Soient A, B, C, D, E les cinq points situés sur un même plan, F, G, H les trois autres; les cinq premiers déterminent une section du cône proposé (fig. 18), dont il est facile de déterminer le centre et par suite tous les élémens. Soit S le sommet demandé; les droites SF, SG, SH étant des génératrices du cône, viendront rencontrer en F′, G′, H′ la courbe ABCDE. Les trois côtés du triangle inscrit F′G′H′ rencontreront les côtés correspondans du triangle FGH, en des points M, N, P situés sur la commune intersection des plans ABC, FGH: comme ces points sont faciles à déterminer *à priori*, la détermination du triangle F′G′H′ ne dépendra que de la solution de ce problème.

Inscrire dans une section conique donnée un triangle dont les côtés soient assujétis à passer par trois points donnés sur une même droite.

Ce problème étant toujours susceptible de deux solutions, on pourra par la construction que nous indiquerons plus bas, déterminer deux triangles F′G′H′, F″G″H″, dont les côtés passeront par les trois points M, N, P, et de là les sommets S de deux cônes passant par les huit points donnés.

Remarque. Un de ces cônes est déterminé par son sommet S et sa base ABCDE. Avec ces données on peut aisément construire son plan diamétral conjugué à un système de cordes parallèles donné. Soit par exemple SL la direction de ces cordes; on mènera par cette ligne deux plans quelconques; chacun d'eux coupera le cône suivant l'ensemble de deux droites, ligne du second degré dont il est facile de déterminer le diamètre conjugué à la direction SL; on aura ainsi deux diamètres conjugués à cette direction; le plan qui les contiendra sera le plan diamétral demandé.

Revenons maintenant à la solution du problème de Géométrie plane que nous n'avons fait qu'indiquer. Afin de ne rien emprunter d'aucune théorie étrangère, j'exposerai ici une construction de ce problème, déduite d'une analyse qui semble devoir au premier abord conduire à des résultats compliqués, mais qui se simplifie singulièrement.

Supposons que la section conique proposée soit une

ellipse, son équation sera de la forme

$$(1)\quad \frac{x^2}{a^2}+\frac{y^2}{b^2}=1.$$

Soient α, β, α', β', α'', β'', les coordonnées des points M, N, P; x', y' celles du point G′ inconnu, liées par la relation

$$(2)\quad \frac{x'^2}{a^2}+\frac{y'^2}{b^2}=1;$$

les droites MG′, NG′ auront pour équations

$$(y-y')(x'-\alpha)-(x-x')(y'-\beta)=0,$$
$$(y-y')(x'-\alpha')-(x-x')(y'-\beta')=0;$$

leur ensemble pourra être représenté par l'équation

$$(3)\quad (y-y')^2(x'-\alpha)(x'-\alpha')-(x-x')(y-y')\times[(x'-\alpha)(y'-\beta')+(x'-\alpha')(y'-\beta)]+(x-x')^2\times(y'-\beta)(y'-\beta')=0.$$

Les coordonnées de tout point d'intersection des deux lieux géométriques (1) et (3) devront satisfaire à ces deux équations, et à toute combinée de ces mêmes équations. Les équations (1) et (2) donnant par leur soustraction

$$\frac{x-x'}{y-y'}=-\frac{a^2}{b^2}\,\frac{(y+y')}{(x+x')};$$

et par la substitution de ce rapport dans l'équation (3)

$$(4)\quad \frac{(x+x')^2}{a^2}\left(\frac{(x'-\alpha)(x'-\alpha')}{a^2}\right)+\frac{(x+x')(y+y')}{ab}\left(\frac{(x'-\alpha)(y'-\beta')}{ab}+\frac{(x'-\alpha')(y'-\beta)}{ab}\right)+\frac{(y+y')^2}{b^2}\left(\frac{(y'-\beta)(y'-\beta')}{b^2}\right)=0.$$

Les lieux géométriques (3) et (4) passent tous deux par les points F′, H′. Si l'on ajoute ces deux équations après avoir divisé la première par a^2b^2, on aura, toute réduction faite, en vertu des équations (1) et (2),

$$(5)\quad \left(1-\frac{xx'}{a^2}-\frac{yy'}{b^2}\right)\left(1-\frac{\alpha\alpha'}{a^2}-\frac{\mathcal{C}\mathcal{C}'}{b^2}\right)$$
$$=\left(1-\frac{\alpha x'}{a^2}-\frac{\mathcal{C}y'}{b^2}\right)\left(1-\frac{x\alpha'}{a^2}-\frac{y\mathcal{C}'}{b^2}\right)+\left(1-\frac{\alpha' x'}{a^2}-\frac{\mathcal{C}'y'}{b^2}\right)\left(1-\frac{x\alpha}{a^2}-\frac{y\mathcal{C}}{b^2}\right):$$

C'est l'équation d'une ligne droite qui devant passer par les points F', H', n'est autre que F'H'. Si cette droite devait être parallèle à MN, c'est-à-dire si le point P était situé à l'infini sur cette droite, l'équation (5) mise sous la forme $m\frac{x}{a}+n\frac{y}{b}=p$ devrait donner $\frac{\mathcal{C}-\mathcal{C}'}{\alpha-\alpha'}+\frac{bm}{an}=0$; ou bien en substituant les valeurs de m et de n,

$$(6)\quad \frac{1-\frac{\alpha x'}{a^2}-\frac{\mathcal{C}y'}{b^2}}{1-\frac{\alpha^2}{a^2}-\frac{\mathcal{C}^2}{b^2}}=\frac{1-\frac{\alpha' x'}{a^2}-\frac{\mathcal{C}'y'}{b^2}}{1-\frac{\alpha'^2}{a^2}-\frac{\mathcal{C}'^2}{b^2}};$$

c'est en x', y', l'équation d'une droite qui, par son intersection avec l'ellipse proposée, donnera le point G'; on peut aisément la construire d'après les considérations suivantes.

Les droites T, T' qui joignent les points de contact des tangentes à la courbe (1) menées par les points M, N, ont pour équations

$$1-\frac{\alpha x}{a^2}-\frac{\mathcal{C}y}{b^2}=0,\quad 1-\frac{\alpha' x}{a^2}-\frac{\mathcal{C}'y}{b^2}=0.$$

Soient p, q les perpendiculaires abaissées du point G', m, n celles abaissées des points M, N sur ces droites T et T'; l'équation (6) se réduira à $\frac{p}{m}=\frac{q}{n}$; il suffit donc, pour construire la droite (6), de mener MK parallèle à T, NK à T' et de joindre K avec le point I d'intersection de T et T'. Cette construction simple devient indépendante de la nature de la courbe proposée; elle a donc lieu lorsque cette courbe est une hyperbole ou une parabole.

Si le point P est placé d'une manière quelconque par rapport aux points M, N, l'équation (5) devra être satisfaite en y faisant $x=\alpha''$, $y=\beta''$; l'équation résultante en x', y', sera celle d'une ligne droite qui, par son intersection avec l'ellipse proposée, donnera le point G'; on pourra encore la construire par des considérations analogues aux précédentes.

Soient en effet T, T', T'' les droites de contact des points M, N, P; p, p', p'' les perpendiculaires abaissées du point G' sur ces trois droites; A et B celles abaissées de N et P sur T, A' et B' de M et P sur T'; l'équation en x', y' deviendra

$$(5)\quad p''=\frac{B}{A}p'+\frac{B'}{A'}p.$$

Soient encore m, m', m'' les trois côtés du triangle formé par les droites T, T', T''; soit $\frac{m''h}{2}$ sa surface; on doit avoir

$$(6)\quad p''=\frac{m}{m''}p+\frac{m'}{m''}p'+h;$$

si on élimine p'' entre (6) et (5), on aura entre p et p' la relation

$$(7)\quad p\left(\frac{m}{m''}-\frac{B'}{A'}\right)+p'\left(\frac{m'}{m''}-\frac{B}{A}\right)+h=0;$$

elle représente en p et p' une droite que l'on peut construire aisément dans l'angle des deux droites T et T'.

Lorsque le point P est sur MN, on sait que les droites T, T', T'' passent par un même point I; on a donc $h=0$, $m=0$, $m'=0$, $m''=0$; mais les rapports $\frac{m}{m''}$, $\frac{m'}{m''}$, sont finis et égaux à $\frac{M}{M''}$, $\frac{M'}{M''}$, en représentant par

M, M′, M″, les longueurs des trois côtés d'un triangle dont les directions seraient parallèles à T, T′, T″; dans ce cas l'équation (7) se réduit à

$$(8)\quad p\left(\frac{M}{M''}-\frac{B'}{A'}\right)+p'\left(\frac{M'}{M''}-\frac{B}{A}\right)=0,$$

et la droite G′G″ passe aussi par le point I. La construction des équations (7) et (8) devenant indépendante de la nature de la section conique proposée, sera la même pour l'ellipse, la parabole et l'hyperbole.

Problème IV. *Déterminer le centre et par suite trois diamètres conjugués d'une surface assujétie à passer par cinq points sur un plan, et quatre points dans l'espace.*

Soient A, B, C, D, E les cinq points situés sur un même plan, F, G, H, K les quatre autres; on déterminera par le problème précédent les deux cônes passant par les huit premiers points. En vertu du *Scholie* du *Problème VI*, pag. 38, les plans diamétraux de ces deux cônes et de la surface, conjugués à un système quelconque de cordes parallèles, se coupent suivant une même droite. Soit donc L la droite d'intersection des plans diamétraux des cônes conjugués à la direction FK; le plan qui la contiendra, ainsi que le point milieu de FK, passera par le centre de la surface demandée. Si l'on construit de la même manière les plans diamétraux de cette surface conjugués aux directions GK et HK, on aura trois plans dont le point d'intersection sera le centre O de la surface demandée.

Pour déterminer complètement la surface proposée, nous considérerons successivement les différentes natures de la courbe ABCDE.

1°. Si cette courbe est une ellipse (fig. 19), soit O′ son centre, OO′ est la direction du diamètre conjugué au plan ABC ; le plan OO′F détermine une section MNF de la surface aisée à construire, puisque l'on connaît deux de ces points M, F, le centre O et les directions OO′, MN de deux de ses diamètres conjugués ; cette section MNF est une ellipse ou une hyperbole. Si c'est une ellipse, la surface proposée est un ellipsoïde dont on peut construire le système de trois diamètres conjugués. Soient à cet effet, PQ, M′N′ les longueurs des diamètres de la section MNF, dont OO′, MN sont les directions ; soit sur le plan ABC, SO′R le diamètre conjugué de MO′N, PQ et S′O′R′ les diamètres conjugués de la section PSQ facile à déterminer ; les trois diamètres PQ, M′N′, S′R′ seront conjugués entre eux. Si la section MNF est une hyperbole (fig. 20), la surface proposée est un hyperboloïde ; cet hyperboloïde n'a qu'une nappe si les points M et N sont sur deux branches différentes de l'hyperbole MNF, il y en a deux au contraire lorsque ces points sont sur une même branche de la courbe ; quoi qu'il en soit, on pourra construire les asymptotes ON″, OM″ de la courbe MNF qui viendront couper le plan ABC en M″ et N″ ; la courbe menée par ces deux points semblable et concentrique à ABC appartiendra au cône asymptotique de la surface ayant son sommet au centre O, lequel sera complètement déterminé par cette construction.

2°. Si la courbe ABCDE est une hyperbole (fig. 21) dont O′S, O′S′ sont les asymptotes, la surface proposée ne peut-être qu'un hyperboloïde ; les parallèles OT et OT′ à O′S et O′S′ sont des génératrices de son cône asymptotique. Si par la droite OT l'une d'elle et le point F on fait passer un plan, il coupera la courbe ABC en un point unique M; la section MOF est une hyperbole dont OT est une asymptote. Soit T le point de rencontre de MF et de OT; on prendra sur MF, MR = TF, et RO sera la seconde asymptote de l'hyperbole MOF : cette nouvelle génératrice du cône asymptotique viendra rencontrer le plan ABC en un point V; selon qu'il sera à l'extérieur ou à l'intérieur de la courbe ABC, l'hyperboloïde n'aura qu'une seule nappe ou en aura deux; dans tous les cas, la courbe menée par ce point V semblable et concentrique à l'hyperbole ABC, pourra être considérée comme la base du cône asymptotique dont O est le sommet.

3°. Enfin, si la courbe ABCDE est une parabole, la surface proposée est un hyperboloïde; une parallèle OT aux diamètres de la courbe ABC est une génératrice du cône asymptotique de la surface. Le plan OTF coupe la parabole ABC en un point M, cette section est une hyperbole dont OT est une asymptote; on peut donc déterminer le cône asymptotique comme dans le cas précédent.

Les trois plans qui, par leur intersection déterminent le centre O de la surface demandée, peuvent être tels, que l'un quelconque d'entre eux soit parallèle à l'intersection des deux autres. Dans ce cas, le centre est situé à l'infini sur cette droite qui est un diamètre, et la surface est un paraboloïde.

1°. Si la courbe ABCDE est une ellipse, le paraboloïde est elliptique. Soit O' (fig. 22) le centre de ABC, O'O un des diamètres de la surface; le plan O'OF cou-

era la courbe ABC en deux points M, N; cette section
INF est une parabole aisée à construire, connaissant
rois de ces points M, N, F et la direction O'O de ses
iamètres; soient PO, RO'S les diamètres des courbes
INF et ABC conjugués à MN; la section PRS sera une
utre parabole de la surface conjuguée à la courbe MNF
t au plan ABC.

2°. Si la courbe ABCDE est une hyperbole, la surface doit être un paraboloïde hyperbolique. Soit toujours O' e centre de ABC (fig. 23), O'O la direction des diamètres de la surface; par la ligne FO parallèle à O'O, on peut toujours faire passer un plan qui coupe l'hyperbole en deux points M et N situés sur une même branche, la section résultante MNF est une parabole dont on peut facilement déterminer les élémens. Soit RO' le diamètre de ABC conjugué à MN, le plan RO'O coupera les courbes ABC, MNF en des points R, S et P; la section RSP sera encore une parabole facile à construire. Soit Q le point où elle coupe O'O; si l'on fait descendre en ce point Q comme homologue à P la parabole MPNF, son plan sera le conjugué des deux autres ABC, RSP.

3°. Enfin si la courbe ABCDE est une parabole, son axe doit être nécessairement parallèle à la direction FO des diamètres du paraboloïde. Si donc on mène un plan par deux des points donnés F et G, et par la ligne FO, il coupera la courbe ABC en un point M, la section MFG sera une parabole facile à construire. Par un troisième point H on mènera un plan qui coupera la parabole ABC en deux points L et N, la parabole MFG en deux autres P et Q; et suivant que la section HLNPQ sera ou une ellipse ou une hyperbole, on achevera la construction comme dans un des cas précédens.

Les plans qui par leur intersection déterminent le centre O, peuvent se couper suivant une même droite, alors la surface est un cylindre dont cette droite est l'axe; dans ce cas, la courbe ABCDE doit nécessairement avoir un centre, et peut être considérée comme la directrice du cylindre.

Enfin si ces plans sont parallèles, la surface ne peut être qu'un cylindre parabolique. Alors la courbe ABCDE ne peut être qu'une parabole dont l'axe est parallèle aux plans diamétraux de la surface. On aura la génératrice de ce cylindre, en menant par le point K un plan parallèle aux plans diamétraux; il viendra couper la courbe ABC en un point M, MK sera la génératrice demandée.

Dans tous les cas, les élémens de la surface que nous avons déterminés suffiront pour construire son plan diamétral conjugué à une direction donnée.

1°. Quand la surface est un ellipsoïde, on connaît trois de ses diamètres conjugués PQ, M'N', R'S' (fig. 19). Soit XOY le diamètre dont on demande le plan diamétral conjugué. La section M'OX a pour diamètres conjugués M'O et OT, intersection des plans R'OP, M'OX; elle est donc connue entièrement; on peut y construire un premier diamètre OV conjugué à OX: par une construction entièrement semblable, on aura OU autre diamètre conjugué à OX situé dans la section R'OX; le plan VOU sera le plan diamétral demandé.

2°. Quand la surface est un hyperboloïde, on connaît son cône asymptotique, lequel a le même plan diamétral conjugué à la direction donnée que la surface demandée; alors la remarque du problème précédent donne le moyen de construire ce plan diamétral.

3°. Quand la surface est un paraboloïde, on connaît en un point S deux paraboles conjuguées, et une section ABCDE parallèle au plan tangent de la surface au point S, et dont le centre est sur le diamètre SO de la surface. Soit SX la direction donnée, on mènera un plan parallèle à OSX qui coupera la courbe ABCDE en deux points M et N, et l'une des paraboles conjuguées en un point P, on déterminera le diamètre de la section MNP conjugué à la direction SX. On répétera ensuite la même construction pour un autre plan toujours parallèle à OSX. L'ensemble des deux diamètres conjugués à SX ainsi obtenu, déterminera le plan diamétral demandé.

4°. Quand la surface sera un cylindre, on fera deux sections dans la surface parallèles à la génératrice et à la direction donnée; chacune de ces sections sera l'ensemble de deux droites parallèles; leurs deux diamètres détermineront le plan diamétral demandé. Si le cylindre n'est pas parabolique, une seule section suffit, tout plan diamétral devant passer par l'axe.

Problème V. *Déterminer le centre et par suite trois diamètres conjugués d'une surface du second ordre assujétie à passer par quatre points sur un plan et cinq dans l'espace.*

Soient A, B, C, D les quatre points qui sont sur un même plan; E, F, G, H, K les cinq autres. Soient E′, E″ deux points quelconques du plan A, B, C, D; par les neuf points A, B, C, D, E′, F, G, H, K, on fera passer une surface *(Problème IV)*, une autre par les neuf autres A, B, C, D, E‴, F, G, H, K. On déterminera les plans diamétraux de ces deux surfaces conjugués à la direction EF. Soit L leur droite d'intersection; le plan qui, la contenant, passera par le milieu de EF, sera un plan diamétral appartenant à la surface demandée. On construira de la même manière les plans diamétraux de cette surface conjugués aux cordes EG, EH; on aura alors trois plans dont l'intersection sera le centre O de la surface. Le plan ABCD coupera cette surface suivant une courbe dont le centre O′ sera l'intersection de ce plan et du diamètre OO′ conjugué à cette section; la droite OO′ est l'intersection de deux plans diamétraux conjugués à deux diamètres parallèles au plan ABCD, plans qu'il est facile de construire au moyen des surfaces auxiliaires. Le centre O′ étant connu, la section ABCD s'en déduira aisément. On achèvera ensuite la solution comme dans le *Problème IV*.

Problème VI. *Déterminer le centre et par suite trois diamètres conjugués d'une surface du second ordre assujétie à passer par neuf points donnés d'une manière quelconque dans l'espace.*

Soient A, B, C, D, E, F, G, H, K les neuf points donnés. Soient encore D′, D″ deux points quelconques du plan ABC. On fera passer une surface par les neuf points A, B, C, D′, E, F, G, H, K, une autre par les neuf points A, B, C, D″, E, F, G, H, K. Au moyen de ces deux surfaces auxiliaires, on construira les plans diamétraux de la surface proposée conjugués aux cordes DE, DF, DG; leur intersection donnera le centre O de la surface demandée. Le plan ABC coupera cette surface suivant une courbe dont le centre O′ se construira comme dans le problème précédent ; ce centre O′ et trois points A, B, C, suffiront pour déterminer complètement cette section; le reste de la solution se fera alors comme dans le *Problème IV*.

Telle est la question la plus générale que l'on puisse proposer sur les surfaces du second ordre. La Géométrie n'y fait usage que de la ligne droite et du cercle; et cela devait-être ainsi, puisque la solution algébrique dépend de la résolution de neuf équations du premier degré à neuf inconnues.

25. Il est à remarquer que, dans le problème dont nous venons de nous occuper, il n'est peut-être aucune des propriétés des lignes et surfaces du second degré que nous n'ayons énoncée ; aussi n'est-ce pas une solution totalement géométrique, puisqu'elle s'appuie sur des propositions que l'Analyse seule a pu faire connaître.

Ne pourrait-on pas conclure de là, qu'un des principaux buts de l'étude des propriétés des lieux géométriques, est d'acquérir assez de connaissances sur les courbes et surfaces pour pouvoir les construire, ou du moins les déterminer complètement par la Géométrie, lorsque l'on en donne un nombre suffisant de points.

Résolution graphique des équations finales.

26. Un autre but non moins important de l'étude des propriétés des courbes et surfaces, c'est la construction des racines des équations. Une équation à une seule inconnue peut être considérée comme le résultat de l'élimination d'une ou de deux variables, entre des équations représentant des lignes ou des surfaces.

Par exemple, si l'on fait le quarré x^2 de l'inconnue,

égal au rectangle py, dans une équation du troisième ou du quatrième degré, elle sera du second degré en x et y; et puisque l'élimination de y entre cette équation et $x^2=py$ conduirait à l'équation proposée, si l'on construit les deux sections coniques représentées par les équations entre lesquelles se ferait cette élimination, les abscisses de leurs points d'intersection seront les racines de l'équation proposée.

Pareillement, si l'on fait $x^2=py$, $y^2=qz$ dans une équation du cinquième, sixième, septième ou huitième degré, on aura trois équations du deuxième degré entre trois variables; et puisque l'élimination de y et de z entre ces trois équations conduirait à l'équation proposée en x, en construisant les points d'intersection des trois surfaces du second ordre qu'elles représentent, leurs abscisses seront les racines de l'équation proposée. Pour pouvoir résoudre ainsi graphiquement l'équation générale du huitième degré, il est nécessaire de faire disparaître son deuxième terme; car x^7 ne pourrait devenir du second degré en x, y, z, par la supposition de $x^2=py$ et de $y^2=qz$. Pareillement pour que cette substitution puisse réussir à transformer l'équation générale du septième degré, en une autre équation du second degré à trois variables, il faut aussi faire disparaître son second terme et la multiplier par x.

27. Toute équation du quatrième degré peut être ramenée à la résolution d'une équation du troisième; c'est ce que le calcul démontre de plusieurs manières. Cette transformation algébrique correspond au changement d'une des sections coniques qui construisent l'équation en un ensemble de deux lignes droites. En

effet, si l'on combine les équations des deux sections coniques par voie d'addition, après avoir multiplié la première par une indéterminée m, la seconde par m'; l'équation résultante sera de la forme

$$(ma + m'a')x^2 + (mb + m'b')y^2 + 2(mc + m'c')xy$$
$$+ 2(md + m'd')x + 2(me + m'e')y + 2(mf + m'f') = 0,$$

et représentera en général une nouvelle section conique passant par les points que l'on se propose de construire; si l'on exprime que ce nouveau lieu géométrique est l'ensemble de deux lignes droites, on aura une équation de condition du troisième degré en $\frac{m}{m'}$ élément de la combinaison. Lorsque ce rapport sera connu, les deux lignes droites donneront par leurs intersections avec une des sections coniques primitives, les quatre points dont les abscisses sont les racines de l'équation proposée.

Nous verrons par la suite un exemple de ce changement, en nous proposant de mener une normale à l'ellipse par un point extérieur.

On peut trouver immédiatement la relation qui doit lier les coefficiens d'une équation du second degré à deux variables, pour qu'elle représente l'ensemble de deux lignes droites, en observant qu'alors le centre du lieu géométrique est un de ses points; c'est-à-dire que les trois équations

$$Ax^2 + 2Bxy + Cy^2 + 2Dx + 2Ey + F = 0,$$
$$Ax + By + D = 0,$$
$$Bx + Cy + E = 0,$$

doivent avoir lieu en même temps. La première peut se mettre sous la forme

$$x(Ax + By + D) + y(Bx + Cy + E) + (Dx + Ey + F) = 0$$

et se réduit, en vertu des deux autres, à

$$Dx + Ey + F = o;$$

en sorte que l'équation de condition demandée, sera le résultat de l'élimination de x et de y entre trois équations du premier degré. Par rapport aux coefficiens, cette relation sera du troisième degré.

28. Pareillement pour exprimer qu'une surface du second ordre est un cône, il suffit d'exprimer que le centre est sur la surface, c'est-à-dire que les quatre équations

$$Ax^2 + A'y^2 + A''z^2 + 2Byz + 2B'xz + 2B''xy + 2Cx + 2C'y + 2C''z + D = o,$$

$$Ax + B''y + B'z + C = o,$$

$$B''x + A'y + Bz + C' = o,$$

$$B'x + By + A''z + C'' = o,$$

ont lieu en même temps; et comme la première se réduit à

$$Cx + C'y + C''z + D = o,$$

en vertu des trois autres, pour trouver la condition demandée, il suffira d'éliminer les variables x, y, z, entre quatre équations du premier degré. L'équation résultante sera du quatrième degré par rapport aux coefficiens.

Si donc on combine par l'addition les équations de deux surfaces du second ordre, après les avoir multipliées par les indéterminées m, m', l'équation résultante sera celle d'une troisième surface, passant par la courbe d'intersection des deux premières; et le rapport $\frac{m}{m'}$ dépendra de la résolution d'une équation du quatrième degré, si l'on veut que cette troisième surface soit une surface conique.

La Géométrie descriptive donne un moyen facile de construire par points, les projections de la courbe d'intersection de deux cônes, et par suite, celles des points d'intersection de trois surfaces coniques. La résolution graphique des équations des huit premiers degrés sera donc complètement résolue, si l'on peut ramener la recherche des points d'intersection de trois surfaces du second ordre, à celle des points d'intersection de trois cônes. Or, c'est ce que la remarque précédente rend possible, au moyen d'équations du quatrième degré.

29. Après avoir exprimé analytiquement les conditions qui peuvent exister entre les données d'un problème, des raisonnemens justes indiquent toujours quelles sont les éliminations à effectuer, les quantités à obtenir ; et comme les méthodes données par l'Algèbre ne sont jamais incertaines quand il s'agit d'effectuer des éliminations, nous pouvons dire que c'est la partie la moins embarrassante dans la recherche d'une solution. Elle est l'intermédiaire entre deux points plus épineux pour le mathématicien, savoir, la mise en équation et la lecture géométrique des résultats de l'Analyse.

Les équations finales expriment des relations entre les données et les inconnues. Pour parvenir à les démêler, il y a des facteurs communs à rétablir, des termes qui ont disparu à ajouter, des expressions géométriques à reconnaître. Souvent même les transformations qu'elle fait subir aux équations, ne peuvent se prouver que par une sorte de Synthèse. Il faut partir de l'équation transformée pour démontrer son identité avec la primitive. C'est par de semblables moyens, que l'Algèbre indique quelquefois l'endroit sur lequel on doit interroger la

Géométrie, pour obtenir une solution déduite de la seule considération de ses théorèmes. Pour en donner un exemple, proposons-nous de traiter par l'application de l'Algèbre à la Géométrie le problème suivant.

Problème. *Trouver sur une circonférence donnée un point* X (fig. 24) *tel, qu'en joignant ce point à deux autres* A *et* B *donnés, les lignes* AX, BX *coupent la circonférence en deux points* C, C', *situés sur une parallèle à* AB.

Dans le problème de la page 58 nous avons résolu cette question d'une manière plus générale, puisqu'au lieu du cercle, nous avons considéré l'ellipse; nous sommes arrivé à une équation finale qui, dans le cas particulier du cercle, se réduit à

$$\frac{y'\beta + x'\alpha - R^2}{\alpha^2 + \beta^2 - R^2} = \frac{y'\beta' + x'\alpha' - R^2}{\alpha'^2 + \beta'^2 - R^2},$$

α, β, α', β' sont les coordonnées des points A et B. Cette équation indique une ligne droite à construire pour un nouveau lieu géométrique du point demandé, dont les coordonnées sont x', y'.

On peut déduire de cette équation une solution synthétique du problème. En effet, si l'on suppose $AX = d$, $BX = d'$, que l'on désigne par t et t' les longueurs des tangentes au cercle donné, menées par les points A et B, on aura

$$\alpha^2 + \beta^2 - R^2 = t^2, \quad \alpha'^2 + \beta'^2 - R^2 = t'^2$$
$$(x' - \alpha)^2 + (y' - \beta')^2 = d^2, \quad (x' - \alpha')^2 + (y' - \beta')^2 = d'^2,$$

et par suite

$$y'\beta + x'\alpha = \tfrac{1}{2}(R^2 + \alpha^2 + \beta^2 - d^2),$$
$$y'\beta' + x'\alpha' = \tfrac{1}{2}(R^2 + \alpha'^2 + \beta'^2 - d'^2).$$

La substitution de ces différentes valeurs dans l'équation (6), donnera

$$\frac{t^2 - d^2}{t^2} = \frac{t'^2 - d'^2}{t'^2}, \text{ d'où } \frac{d}{t} = \frac{d'}{t'} \text{ ou } \frac{d}{d'} = \frac{t}{t'}.$$

Le rapport des longueurs AX, BX est ainsi déterminé; d'ailleurs une proposition géométrique connue, donne un cercle facile à construire, pour le lieu géométrique de tous les points X, tels que le rapport $\frac{AX}{BX}$ soit constant. Le point demandé sera donc donné par l'intersection de deux cercles.

Des considérations purement géométriques conduiraient au même résultat que l'analyse précédente, car on a, soit d'après la nature des données, soit d'après celle de l'énoncé,

$$\overline{AX} \times \overline{AC} = t^2, \quad \overline{BX} \times \overline{BC'} = t'^2,$$
$$AC : BC' :: AX : BX,$$

d'où l'on déduit aisément

$$\frac{AX}{BX} \cdot \frac{AC}{BC'} = \frac{t^2}{t'^2} = \frac{\overline{AX}^2}{\overline{BX}^2},$$

d'où enfin

$$\frac{t}{t'} = \frac{AX}{BX}.$$

L'Analyse algébrique indique ici à la Géométrie la solution la plus directe de la question proposée. On pourrait en effet trouver d'autres moyens de construction, en faisant remarquer l'identité du point demandé avec celui de contact d'un cercle tangent au cercle donné, passant par les points A et B. Mais cette transformation de l'énoncé ne donnerait qu'une solution indirecte.

Le plus souvent, l'étude des équations finales ne fait qu'indiquer le moyen de simplifier la construction des lignes dont les intersections doivent donner le point demandé. C'est ordinairement par des considérations géométriques, que l'on vient à bout de cette simplification. On peut donner un exemple de cette simplification, sans s'écarter de la question précédente. Supposons en effet qu'il faille que la droite CC′, au lieu d'être parallèle à AB, aille passer par un troisième point D. Dans ce cas, nous résoudrons ce nouveau problème : *Inscrire dans un cercle donné un triangle dont les côtés soient assujétis à passer chacun par un point donné.* Ce n'est qu'un cas particulier du problème de la page 58, et cependant on ne peut arriver qu'à simplifier de même la construction de l'équation finale.

Les opérations que l'on fait subir aux équations finales, pour simplifier la construction des lieux géométriques, ne les laissent pas toujours tels qu'ils se présentent. Très souvent au contraire, une certaine combinaison des différentes parties du résultat, donne une nouvelle ligne plus facile à construire que les primitives. C'est ainsi qu'en traitant par l'Analyse algébrique le problème de mener une tangente à un cercle donné par un point extérieur, on obtient d'abord outre celle de la circonférence donnée, l'équation d'une ligne droite autre lieu géométrique des points de contact ; combinant ensuite cette nouvelle équation avec celle du cercle donné, on parvient à trouver un autre cercle facile à déterminer de grandeur et de position, sur lequel doivent aussi se trouver les mêmes points de tangence.

Transformations des coordonnées.

30. Si les constructions à effectuer, malgré toutes les recherches que l'on pourrait faire pour les abréger,

étaient encore trop compliquées, on pourrait placer les données par rapport aux axes coordonnés, de manière à faire disparaître le plus grand nombre de lignes relatives à leur position arbitraire. Mais alors la construction n'a lieu que d'après ces seuls axes principaux; il est vrai qu'ils ont souvent des positions tellement liées à la figure proposée, qu'une construction par les ordonnées et les abscisses, peut quelquefois se démontrer synthétiquement.

La position la plus avantageuse n'est pas toujours évidente. On ne sait pas toujours quelles lignes il faut supposer nulles ou égales en grandeur, quelles directions doivent être perpendiculaires, parallèles aux axes coordonnés, ni même quel doit être l'angle de ces axes. Il faut alors chercher par la transformation des coordonnées dont les formules contiennent des indéterminées, quelles sont les valeurs de ces constantes arbitraires qui correspondent au but proposé.

Le changement du système des axes est d'une grande utilité pour dévoiler les secrets de l'Analyse. La discussion complète des lieux géométriques, la détermination de certains points particuliers, la démonstration de l'identité de certaines lignes, enfin beaucoup de recherches précieuses, ne sauraient s'effectuer sans le secours de la transformation des coordonnées; il est même des problèmes qui semblent ne pouvoir être résolus analytiquement que par son emploi. Tel est celui qui suit.

Problème. *Trouver le lieu géométrique du point d'intersection de deux droites tangentes à une courbe du second degré, et perpendiculaires entre elles.*

Je suppose d'abord que la courbe ait un centre; son équation, rapportée à deux axes rectangulaires, sera de la forme

$$(1) \quad mx^2 + ny^2 = 1.$$

Soient a et b les coordonnées du point I d'intersection des deux tangentes que je désignerai par T et T'; X, Y les cosinus des angles que forme la droite T avec les axes AX et AY; X', Y' les cosinus de ceux que la deuxième tangente T' forme avec les mêmes axes; x', y' les coordonnées variables par rapport aux tangentes IT, IT' rectangulaires considérées comme axes; toutes ces quantités seront liées entre elles par les relations

$$x = Xx' + X'y' + a, \quad y = Yx' + Y'y' + b \quad (2),$$
$$X^2 + X'^2 = 1, \quad Y^2 + Y'^2 = 1, \quad XY + X'Y' = 0 \quad (3).$$

Si l'on élimine x et y entre les équations (2) et (1), l'équation résultante

$$y'^2(mX'^2 + nY'^2) + x'^2(mX^2 + nY^2) + 2x'y'(mX'^2 + nY'^2) + 2y'(maX' + nbY') + 2x'(maX + nbY) + (ma^2 + nb^2 - 1) = 0,$$

exprime la courbe rapportée aux axes TI, T'I. Puisque cette courbe doit être tangente aux nouveaux axes, il faut qu'en faisant dans son équation $y' = 0$, ces valeurs de x' correspondantes soient égales, ce qui donnera l'équation de condition

$$mn\,(b^2X^2 + a^2Y^2 - 2abXY) = mX^2 + nY^2;$$

il faut aussi qu'en y faisant $x' = 0$, les deux valeurs de y' soient égales, ce qui donne une nouvelle équation de condition symétrique de la précédente

$$mn\,(b^2X'^2 + a^2Y'^2 - 2abX'Y') = mX'^2 + nY'^2;$$

en ajoutant ces deux équations, l'équation résultante se réduit, en vertu des relations (3), à

$$(4) \quad a^2 + b^2 = \frac{1}{m} + \frac{1}{n};$$

cette dernière résout le problème. On y voit que le lieu

géométrique demandé est un cercle concentrique à la courbe donnée par l'équation (1). Si cette courbe est une ellipse, les quantités $\frac{1}{m}$, $\frac{1}{n}$ seront positives et égales à A^2, B^2, A et B étant ses demi-axes, en sorte que le rayon du cercle sera l'hypoténuse d'un triangle rectangle dont A et B seraient les côtés. Si l'équation (1) représentait un cercle, le cercle (4) aurait pour rayon la diagonale du quarré du rayon donné, ce dont il est aisé de s'assurer *à priori* par la Géométrie simple. On verra aisément que si l'équation (1) représentait une hyperbole, une des quantités $\frac{1}{m}$, $\frac{1}{n}$ étant négative, suivant que l'angle des asymptotes dans lequel se trouve la courbe, sera plus petit, égal ou plus grand qu'un droit, le lieu géométrique sera un cercle, se réduira à un point, ou n'existera pas.

Si l'on répétait les mêmes calculs, en supposant que la courbe donnée fût une parabole, on trouverait sa directrice pour le lieu géométrique demandé; d'ailleurs, en considérant la parabole comme une ellipse dont les axes A et B sont infinis, et le rapport $\frac{B^2}{A}$ fini et égal à p, on prouve aisément que le cercle (4) se réduit à une ligne droite, c'est-à-dire à un cercle de rayon infini, ou dont la courbure est nulle. En effet, l'équation du cercle rapportée au sommet de l'ellipse est

$$b^2 + a^2 = A\left(2a + \frac{B^2}{A}\right),$$

et donne $p + 2a = 0$ lorsque $\frac{1}{A} = 0$, $\frac{B^2}{A} = p$. Ainsi on peut conclure généralement que si le lieu géométrique demandé existe, c'est un cercle concentrique à la courbe du second degré donnée.

Par des calculs identiques aux précédens, on peut résoudre les deux problèmes suivans.

Trouver le lieu géométrique de l'intersection de trois plans rectangulaires tangens à une surface du second degré.

Trouver le lieu géométrique de l'intersection commune de trois droites rectangulaires tangentes à une surface du second degré.

Si l'on suppose que la surface soit représentée par l'équation

$$mx^2 + ny^2 + pz^2 = 1,$$

ces lieux géométriques seront

$$a^2 + b^2 + c^2 = \frac{1}{m} + \frac{1}{n} + \frac{1}{p},$$

pour le premier ;

$$a^2\left(\frac{1}{n}+\frac{1}{p}\right) + b^2\left(\frac{1}{m} + \frac{1}{p}\right) + C^2\left(\frac{1}{m}+\frac{1}{n}\right) = \frac{1}{mn} + \frac{1}{pn} + \frac{1}{pm},$$

pour le second. En sorte que si la surface du second degré était un ellipsoïde aux axes 2A, 2B, 2C, les lieux géométriques lui seraient concentriques ; le premier représenterait une sphère de rayon $\sqrt{A^2+B^2+C^2}$ et le second l'ellipsoïde qui aurait pour axes

$$2\sqrt{A^2+\frac{A^2C^2}{B^2+C^2}},\quad 2\sqrt{B^2+\frac{A^2C^2}{A^2+C^2}},\quad 2\sqrt{C^2+\frac{A^2B^2}{A^2+B^2}}.$$

L'ellipsoïde donné pourrait se réduire à une sphère de rayon R ; alors les deux lieux géométriques seraient deux sphères concentriques entre elles et la proposée, l'une de rayon $R\sqrt{3}$, l'autre de rayon $R\sqrt{\frac{3}{2}}$.

Symétrie.

31. Il faut remarquer dans la solution précédente, que la symétrie de quatre équations entre les quatre inconnues X, Y, X', Y', a suffi pour les éliminer toutes, et obtenir une équation finale indépendante de ces inconnues.

En général, la symétrie entre les données d'un problème abrège, diminue, les travaux du calculateur; on ne saurait rejeter un principe qui fournit des moyens d'élimination si rapides, qui simplifie les immenses résultats de l'Algèbre, et sert à les démontrer, à les énoncer de la manière la plus élégante.

Il arrive quelquefois qu'un problème mis en équation, établit une symétrie réelle entre les données et les inconnues. Cette symétrie remarquée, étudiée avec soin, met la solution demandée sous la puissance du calcul, pour ainsi dire au moment où il s'y attend le moins.

Pour donner un exemple de ces heureuses rencontres, je me propose de résoudre le problème suivant par la Trigonométrie.

Problème. *Construire un triangle équilatéral qui ait ses sommets sur trois circonférences concentriques de rayon donnés.*

Soit ABC (fig. 25) le triangle demandé, x son côté, O le centre commun des trois cercles donnés, $OA=a$, $OB=b$, $OC=c$ leurs rayons. L'un des angles égaux du triangle équilatéral, l'angle BAC par exemple, est égal à la somme ou à la différence des deux angles CAO, BAO, dont les cosinus sont

$$\cos CAO = \frac{x^2+a^2-c^2}{2ax}, \quad \cos BAO = \frac{x^2+a^2-b^2}{2ax};$$

on a donc l'équation

$$\text{arc}\left(\cos=\frac{x^2+a^2-c^2}{2ax}\right)\pm\text{arc}\left(\cos=\frac{x^2+a^2-b^2}{2ax}\right)\pm\frac{\pi}{3}=0.$$

Cette équation est symétrique en a et x. On déduit de cette remarque, que si les trois circonférences concentriques avaient pour rayons b, c, x, a serait le côté du triangle équilatéral demandé; si donc on inscrit entre les deux circonférences de rayon b et c, une droite MN$=a$, que l'on construise sur cette ligne un triangle équilatéral MNP, la ligne inconnue x sera égale à la distance OP du sommet isolé de ce triangle équilatéral au centre commun des cercles donnés. Il est aisé de voir qu'il y a deux solutions, c'est-à-dire, que l'inconnue x est susceptible de deux valeurs. Deux constructions semblables auraient encore été indiquées si l'on avait considéré l'un des angles ABC, BCA; et comme les trois triangles MNO de ces trois constructions ont les côtés égaux, on en déduit la proposition suivante.

Théorème. *Si sur les trois côtés d'un triangle* ABC (fig. 26), *on construit des triangles équilatéraux* ABM, ACN, BCP, *les lignes* AP, BN, CM *seront égales.*

Et en effet, par un raisonnement semblable à celui dont on fait usage dans la proposition du quarré de l'hypoténuse, on prouverait que les triangles ABN, ACM sont égaux ainsi que les triangles ABP, MBC, que par conséquent BN$=$AP$=$CM.

Il est d'ailleurs très aisé de voir que ces droites se coupent en un même point. En effet, si nous considérons la droite AP, elle coupe en un point O le cercle CPB, partage l'arc CPB, et par suite l'angle BOC$=\frac{4}{3}$ d'angle droit en deux parties égales; d'où il suit que BOA

$= COA = \frac{4}{3}$, que les lignes CO, BO opèrent pareillement la bisection des angles AOB, AOC, qu'elles passent donc par les points M et N milieux des arcs AMB, ANB appartenans aux cercles AOB, AOC. Les droites AP, BN, CM se coupent donc en un même point O. D'après cela, il est aisé de résoudre le problème suivant.

PROBLÈME. *Trouver sur le plan d'un triangle un point d'où ses trois côtés soient vus sous un même angle.*

C'est ainsi que la Synthèse en démontrant un théorème que l'Analyse à trouvé, en fait une proposition isolée, d'où peuvent encore découler plusieurs autres propositions.

Méthodes indirectes.

32. Une des preuves les plus incontestables de la richesse, de la généralité de la Géométrie, c'est sans contredit le secours qu'elle tire des sciences qui lui doivent sinon leur naissance, du moins leur accroissement et leur clarté; car si la science de l'étendue prête ses figures aux autres sciences exactes et naturelles qui les considèrent à leur manière, soit avec la rigueur des démonstrations, soit avec l'incertain de l'expérience, elle peut souvent déduire de ces nouvelles considérations qu'on lui croit absolument étrangères, des principes à démontrer, quelquefois même les points de départ des plus belles théories.

La Mécanique est sans doute la science qui promet le plus de découvertes à la Géométrie; la Statique emprunte souvent sa synthèse, ses principaux théorèmes, et lui donne en échange, soit une nouvelle démonstration d'un principe déjà connu, soit la solution d'un problème dont elle a traduit l'énoncé dans son propre langage. C'est ainsi que la recherche du centre de gravité d'un triangle, prouve que les lignes qui joignent les sommets et les milieux des côtés opposés, se coupent toutes trois en un même point. Quelquefois la science de l'équilibre se fait un jeu des problèmes les plus difficiles de la Géométrie, et va quelquefois de pair avec les calculs les plus élevés de l'Analyse algébrique.

Les *maxima* et *minima* des distances ou des sommes de distances, sont souvent l'écueil de la Géométrie, de l'Algèbre même; et beaucoup de problèmes sur les extrêmes grandeurs resteraient sans solution, si le calcul infinitésimal ne s'en était occupé. Un des grands avantages de la Statique dans ces sortes de questions, si toutefois elle peut les traduire, c'est de faire connaître les relations que les conditions entre les longueurs établissent entre leurs directions respectives, car il n'est pas d'équilibre qui ne soit dû autant à la direction des forces, qu'aux rapports de leurs intensités. Comme cette transformation des lignes aux angles est souvent très difficile à trouver par la Géométrie simple, il n'est pas étonnant qu'elle se présente alors inférieure à la Statique, comme on peut le voir dans la solution suivante.

Problème. *Trouver un point tel, que la somme des distances de ce point à trois points donnés soit un minimum.*

Si l'on suppose trois anneaux fixés aux points A, B, C (fig. 27), et un quatrième attaché au point O extrémité d'une corde, laquelle passera successivement par les anneaux fixe B, A, par l'anneau mobile O, et enfin, par le quatrième fixé en C; il est évident qu'une force quelconque qui tirerait le cordon suivant CM, sera en équilibre avec la résistance des anneaux fixes, lorsque la somme des cordons partiels sera un minimum; le point demandé est donc la position de l'anneau mobile O, lorsque l'équilibre à lieu. Mais les cordons partiels AO, BO, CO doivent être tendus également; l'anneau O est donc tiré suivant ces trois directions par des forces égales; si donc l'équilibre à lieu entre ces forces, il faut que la direction de l'une quelconque d'entre elles divise l'angle des deux autres en deux parties égales, ou ce qui revient au même, que les angles AOB, AOC, BOC soient égaux entre eux et aux quatre tiers de l'angle droit. Le point demandé sera donc l'intersection de deux segmens capables de $\frac{4}{3}$ d'angle droit, construits sur deux des côtés du triangle ABC. Le dernier problème du chapitre précédent donne encore un moyen de déterminer le point O.

Il pourrait arriver que l'un des angles du triangle, l'angle A par exemple, fût plus grand que $\frac{4}{3}$ d'angle droit, alors la construction ne serait plus possible. Mais il aisé de voir que le point demandé serait le sommet A lui-même. En effet, si l'on conçoit que ce point soit toujours situé sur la ligne AO, le point O intérieur au triangle ABC satisfera toujours au problème, même si le point A se confondait avec lui, c'est-à-dire si l'angle A était égal à $\frac{4}{3}$ d'angle droit; à plus forte raison ce point A sera-t-il encore la solution du problème, lorsque l'angle A sera plus grand que $\frac{4}{3}$ d'angle droit.

Par une supposition entièrement semblable, on prouverait que le point qui jouit de la propriété de donner un *minimum* pour la somme de ses distances, à autant de points fixes que l'on voudra, est celui autour duquel seraient en équilibre autant de forces égales dont les directions serait assujéties à passer chacune par un des points donnés. On peut exprimer analytiquement que l'équilibre a lieu relativement à ces mêmes directions, car on doit avoir en désignant par X, Y, Z les angles que forme l'une d'entre elles avec trois axes rectangulaires quelconques, par X', Y', Z' les mêmes angles pour une seconde direction, et ainsi de suite

$$(1)\quad \begin{aligned} &\cos X + \cos X' + \cos X'' + \text{etc.} = 0, \\ &\cos Y + \cos Y' + \cos Y'' + \ldots = 0, \\ &\cos Z + \cos Z' + \cos Z'' + \ldots = 0. \end{aligned}$$

Si les points donnés sont situés dans un même plan, l'équilibre sera entièrement exprimé par les deux premières équations. Si de plus les points se réduisent à trois, on aura

$$\cos X + \cos X' = -\cos X'', \quad \cos Y + \cos Y' = -\cos Y''.$$

Ajoutant les carrés de ces équations et observant que

$$\begin{aligned} &\cos^2 X + \cos^2 Y = 1, \\ &\cos^2 X' + \cos^2 Y' = 1, \\ &\cos^2 X'' + \cos^2 Y'' = 1, \end{aligned}$$

et

$$\cos X \cos X' + \cos Y \cos Y' = \cos V,$$

V étant l'angle formé par les directions OA et OB, on trouvera $2\cos V + 1 = 0$; l'angle V est donc effectivement égal à $\frac{4}{3}$ d'un droit.

Si les points sont au nombre de quatre, toujours dans un même plan, les équations

$$\begin{aligned} &\cos X + \cos X' = -(\cos X'' + \cos X'''), \\ &\cos Y + \cos Y' = -(\cos Y'' + \cos Y'''), \end{aligned}$$

dont on déduit en ajoutant leurs quarrés

$$\cos X \cos X' + \cos Y \cos Y' = \cos X'' \cos X''' + \cos Z'' \cos Z''',$$

indiqueront pour le point demandé, le point d'intersection des diagonales du quadrilatère.

Le Calcul infinitésimal donne aussi les équations (1). En effet, si α, β, γ, α', β', γ', etc., sont les coordonnées des points donnés, x, y, z celles du point cherché, la somme des distances sera

$$D = \sqrt{(x-\alpha)^2+(y-\beta)^2+(z-\gamma)^2} + \sqrt{(x-\alpha')^2+(y-\beta')^2+(z-\gamma')^2} + \text{etc.}$$

et devra être un *minimum*. La différentiation successive par rapport aux trois variables, donne des équations identiques avec les équations (1) trouvées précédemment.

33. Nous avons à peu près passé en revue tous les moyens que le géomètre peut employer dans la solution des problèmes. Il est vrai que nous n'avons fait qu'effleurer plusieurs d'entre eux, pour nous attacher aux principaux; peut-être même ceux que nous avons négligés, ont ils une marche plus difficile à suivre que les autres. Mais le degré d'attention que l'on doit apporter à un sujet quelconque, doit toujours être proportionné à son degré d'utilité.

Nous aurions peut-être dû approfondir un peu plus cette méthode mixte, où des considérations purement géométriques fournissent des équations étrangères à l'Analyse de Descartes. La recherche de ces sortes d'équations offre les mêmes difficultés que la Géométrie simple; et si leur résolution ne dépend que de l'Algèbre, elle entre souvent pour la moindre partie dans la solution des problèmes. On peut d'ailleurs appliquer à la fois à cette méthode mixte, les principes que nous avons énoncés en traitant séparément des méthodes simples qu'elle renferme.

Je ne ferai que citer pour exemple la théorie de la cristallisation si élégamment traitée par son auteur. De simples considérations géométriques l'ont conduit à ses calculs, et cette méthode offre ici ce grand avantage, qu'en ne perdant pas, pour ainsi dire, la Géométrie de vue, il est plus facile d'interpréter à son profit les résultats de l'Algèbre.

34. Ce n'est pas que cette théorie ne puisse se calculer par abscisses et ordonnées; cette manière d'aborder la question offre même de son côté de grands avantages. Mais peut-être serait elle insuffisante si l'on cherchait à connaître les rapports des longueurs, plutôt que les angles des cristaux. Peut-être aussi ce nouveau calcul exigerait-il des connaissances mathématiques un peu plus grandes, du minéralogiste qui voudrait étudier cette théorie, et que pour remédier à cet inconvénient les méthodes les plus élémentaires sont toujours préférables.

Cependant, pour prouver que l'Analyse de Descartes n'est pas incapable de traiter une des plus belles applications du calcul à la Géométrie, je vais indiquer la marche que l'on pourrait prendre. Si je réussis à donner une analyse simple et facilement applicable, je m'applaudirai d'avoir fait rentrer sous le domaine d'un calcul qui doit être général, un sujet qui semblait le fuir. Et si, malgré mes tentatives, ce calcul se trouve compliqué, on ne pourra du moins rien conclure contre la généralité de son application.

Préliminaires.

Les axes que nous considérons seront obliques; nous désignerons par α, β, γ les angles YAZ, XAZ, XAY.

L'équation du plan sera toujours mise sous la forme

$$\frac{x}{m}+\frac{y}{n}+\frac{z}{p}=1;$$

les quantités m, n, p que j'appellerai les paramètres du plan, représenteront alors les distances de l'origine des coordonnées aux points où le plan vient rencontrer les axes des x, des y et des z.

Dans ce système d'axes, la distance d'un point dont les coordonnées sont x, y, z à l'origine, est exprimée par la formule

$$D^2=x^2+y^2+z^2+2yz\cos\alpha+2xz\cos\beta+2xy\cos\gamma;$$

et pour avoir la distance entre deux points dont les coordonnées soient x, y, z pour le premier, x', y', z' pour le second, il suffit d'y changer x, y, z en $(x-x')$, $(y-y')$, $(z-z')$.

Cette formule peut se démontrer ainsi qu'il suit.

Supposons par le point M (fig. 28), MP parallèle à AZ, PQ à AY et menons APA'. Le triangle APM donnera

$$D^2=z^2+\overline{AP}^2+2z.\overline{AP}\cos MPA'.$$

Mais le triangle APQ donne

$$\overline{AP}^2=x^2+y^2+2xy\cos\gamma,$$

et la projection de AP sur AZ étant égale à la somme des projections de AQ et de QP, on a $AP\cos MPA' = x\cos\beta+y\cos\alpha$.

Substituant ces deux valeurs dans D^2, la formule précédemment énoncée sera démontrée.

La formule qui donne le cosinus de l'angle que forme les deux droites, dont les équations sont $x=az$, $y=bz$ pour la première, et $x=a'z$, $y=b'z$ pour la seconde, est alors

$$\cos V=\frac{1+aa'+bb'+(ab'+a'b)\cos\gamma+(b+b')\cos\alpha+(a+a')\cos\mathcal{C}}{\sqrt{1+a^2+b^2+2ab\cos\gamma+2a\cos\mathcal{C}+2b\cos\alpha}\sqrt{1+a'^2+b'^2+\text{etc.}}}$$

Pour la démontrer, soit pris sur la première droite un point M aux coordonnées x, y, z, et dont la distance à l'origine soit l'unité; soit également pris sur la seconde droite un point M' aux coordonnées x', y', z', tel que $AM'=AM=1$. Le triangle MAM' donnera $\cos V = \frac{2-\overline{MM'}^2}{2}$. Substituant la valeur de $\overline{MM'}^2$ en fonction de x, y, z, x', y', z', et observant que $\overline{AM}^2=\overline{AM'}^2=1$, on aura

$$\cos V=[zz'+xx'+yy'+(xy'+y'x)\cos\gamma+(yz'+y'z)\cos\alpha \\ +(xz'+x'z)\cos\mathcal{C}.$$

Si dans les équations qui expriment que $\overline{AM}^2=1$, $AM'^2=1$, et dans cette valeur de $\cos V$ on fait $x=az$, $y=bz$, $x'=a'z'$, $y'=b'z'$, ces équations ne contiendront plus que z et z'; et si l'on élimine ces deux quantités, le résultat sera la formule à démontrer.

Pour trouver l'équation d'une droite perpendiculaire à un plan, il suffit d'exprimer que la droite est perpendiculaire aux traces de ce plan.

Soit (1) $x=az$, $y=bz$, les équations inconnues de la perpendiculaire, et

$$(2)\quad \frac{x}{m}+\frac{y}{n}+\frac{z}{p}=1,$$

celle du plan donné; sa trace sur le plan des yz a pour

équations $x=0$, $y=-\frac{n}{p}z+n$. On exprimera qu'elle est perpendiculaire à la droite (1), en exprimant que cos V est nul, lorsqu'on y fait $a'=0$, $b'=-\frac{n}{p}$, ce qui donne entre a et b une première équation de condition

$$\left(\frac{1}{n}-\frac{1}{p}\cos\alpha\right)+a\left(\frac{1}{n}\cos\beta-\frac{1}{p}\cos\gamma\right)+b\left(\frac{1}{n}\cos\alpha-\frac{1}{p}\right)=0.$$

On peut en déduire l'équation exprimant que la droite (1) est perpendiculaire à une autre trace du plan, en y changeant les lettres b, β et n, en a, α, m, et réciproquement, d'où

$$\left(\frac{1}{m}-\frac{1}{p}\cos\beta\right)+b\left(\frac{1}{m}\cos\alpha-\frac{1}{p}\cos\gamma\right)+a\left(\frac{1}{m}\cos\beta-\frac{1}{p}\right)=0.$$

Ces deux équations donneront les valeurs de a et b, et les équations de la perpendiculaire au plan seront connues.

Pour calculer les équations d'une perpendiculaire à l'un des plans coordonnés, par exemple, au plan des xy, il suffira de faire dans les relations précédentes $\frac{1}{m}=0$, $\frac{1}{n}=0$, ce qui les réduira à

$$a\cos\gamma+b+\cos\alpha=0,$$
$$a+b\cos\gamma+\cos\beta=0,$$

d'où

$$b=-\frac{\cos\alpha-\cos\beta\cos\gamma}{\sin^2\gamma},$$

$$a=-\frac{\cos\beta-\cos\alpha\cos\gamma}{\sin^2\gamma}.$$

Si $\alpha=\beta=\gamma$, ces valeurs se réduisent encore à

$$a=b=-\frac{\cos\alpha}{1+\cos\alpha}.$$

Nous rappellerons que l'angle de deux plans est le

même que celui formé par deux perpendiculaires à ces plans, et que celui d'une droite et d'un plan, est le complément de l'angle de cette droite et de la perpendiculaire au plan.

Du parallélipipède.

Supposons d'abord que la forme primitive soit un parallélipipède quelconque dont les arêtes soient A, B, C, et les angles α, β, γ. Prenons les axes parallèles aux arêtes. Les huit angles solides formés par ces axes correspondent aux huit angles solides du cristal. De sorte que si l'on veut considérer un décroissement sur un de ces angles, il suffira de considérer la face qui en résulterait sur l'angle à l'origine qui lui correspond. Nous supposerons toujours les plans de décroissemens menés par cette origine parallèlement à leur direction; supposition qui nous est permise, puisque nous ne voulons calculer que les angles de ces différens plans.

Voyons maintenant comment nous ferons pour trouver l'équation de ces plans. Considérons l'un des angles solides du cristal, par exemple, celui qui correspond à l'angle de l'origine dans lequel les coordonnées sont positives. Le décroissement sera le plus général possible, s'il a lieu par une soustraction de m fois l'arête A suivant AX, de n fois l'arête B suivant l'axe AY, et de p fois l'arête C suivant l'axe AZ, les trois nombres m, n, p étant différens; d'où il suit que les paramètres de la face résultante de ce décroissement, seront proportionnels à mA, nB, pC. L'équation d'un plan qui lui serait parallèle, mené par l'origine sera donc

$$\frac{x}{mA}+\frac{y}{nB}+\frac{z}{pC}=0.$$

Si le décroissement avait lieu sur un autre angle solide du cristal primitif, il faudrait pareillement considérer l'angle à l'origine qui lui correspond. Pour comprendre tous les décroissemens dans une seule équation, il suffit d'indiquer que les paramètres sont susceptibles de changer de signes, ce qui donnera

$$\pm\frac{x}{mA}\pm\frac{y}{nB}\pm\frac{z}{pC}=0.$$

Si le décroissement est du genre que M. Haüy a nommé *intermédiaire,* les nombres m, n, p sont tous différens; s'il a lieu sur un angle sans être intermédiaire, deux de ces nombres sont égaux; enfin, si le décroissement a lieu sur une arête, un des nombres m, n, p est infini, et l'équation du décroissement est de l'une quelconques des formes suivantes

$$\frac{x}{mA}\pm\frac{y}{nB}=0,$$

$$\frac{x}{mA}\pm\frac{z}{pC}=0,$$

$$\frac{y}{nB}\pm\frac{z}{pC}=0.$$

L'axe du cristal est ordinairement supposé parallèle à l'une des arêtes; quelquefois il joint deux sommets aigus, et ses équations sont alors de la forme $\frac{x}{A}=\frac{y}{B}=\frac{z}{C}$.

L'angle qu'une face de décroissement fait avec l'axe, est complément de celui que fait cet axe avec une perpendiculaire à la face. L'angle de deux faces est le même que l'angle formé par deux perpendiculaires à leurs plans. Les formules préliminaires donneront le moyen de calculer ces angles s'il en est besoin. Enfin, si l'on veut calculer les angles plans d'un cristal, on cherchera les angles formés par les droites, intersections de la face que l'on considère et des faces adjacentes.

Cette méthode a cela d'avantageux que l'on peut trouver immédiatement l'angle que fait telle face d'un cristal secondaire, avec telle face d'un autre cristal, pourvu que l'on connaisse les décroissemens qui font naître ces deux faces.

Applications.

Si le cristal primitif est un parallélipipède rectangle, les cosinus des angles α, β, γ sont nuls. Les formules préliminaires se simplifient singulièrement, aussi le calcul des angles est-il beaucoup plus simple.

Si le parallélipipède est un cube, on a de plus $A=B=C$, et l'équation d'un décroissement quelconque est de la forme

$$\pm\frac{x}{m}\pm\frac{y}{n}\pm\frac{z}{p}=0,$$

la valeur de cosinus V est

$$\cos V=\frac{1+aa'+bb'}{\sqrt{1+a^2+b^2}\sqrt{1+a'^2+b'^2}};$$

les équations d'une perpendiculaire au plan

$$\frac{x}{m}+\frac{y}{n}+\frac{z}{p}=1$$

sont $$x=\frac{p}{m}z,\quad y=\frac{p}{n}z.$$

Proposons-nous de calculer l'angle de l'octaèdre régulier, cristal secondaire provenant d'un décroissement d'une rangée en largeur et d'une en hauteur sur les angles du cube. Il suffira de faire $p=m=n=1$; les équations de deux faces adjacentes seront

$$x+y+z=0,$$
$$x+y-z=0.$$

Si a et b, dans la valeur de cos V, appartiennent à la perpendiculaire au premier de ces plans, leur valeur sera $+1$. Si a' et b' appartiennent à la perpendiculaire, au second leur valeur sera -1, en sorte que $\cos V = \frac{1}{3}$.

Pour calculer l'angle plan on observera que la face

$$x+y+z=0,$$

est adjacente aux deux faces

$$x-y+z=0, \quad -x+y+z=0;$$

son intersection avec la première a pour équations

$$x+z=0, \quad y=0;$$

son intersection avec la seconde

$$y+z=0, \quad x=0.$$

Si donc on fait dans cos V, $a=-1$, $b=0$, $a'=0$, $b'=-1$, on aura $\cos V = \frac{1}{2}$, d'où $V = \frac{200^{\circ}}{3}$; et en effet, chaque face de l'octaèdre est un triangle équilatéral.

Le dodécaèdre rhomboïdal provient d'un décroissement d'une rangée en largeur, et d'une en hauteur sur les arêtes du cube. Les équations de ses faces seront

$$x \pm y=0, \quad x \pm z=0, \quad y \pm z=0,$$

et il y aura deux angles à considérer, celui que font les faces

$$x+z=0, \quad x-z=0,$$

et celui que font celles représentées par les équations

$$x+z=0, \quad y+z=0.$$

Les équations des perpendiculaires aux deux premiers plans donnent $a=1$, $b=0$, $a'=-1$, $b'=0$, d'où $\cos V=0$, $V=100°$.

Les équations des perpendiculaires aux deux autres plans donnent $a=1$, $b=0$, $a'=0$, $b'=1$, d'où $\cos V=\frac{1}{2}$, $V=66° \frac{2}{3}$.

Quant à l'angle du rhombe, on observera que la face $x-y=0$ est adjacente aux deux autres $x+z=0$, $x-z=0$; son intersection avec la première a pour équations $x+z=0, y+z=0$, son intersection avec la seconde $x-z=0, y-z=0$. Donc, en supposant $a=-1, b=-1, a'=1, b'=1$, on aura pour $\cos V, \frac{1}{3}$. On pouvait prévoir ces résultats en observant que le dodécaèdre peut provenir d'une troncature tangente à tous les angles de l'octaèdre.

Le dodécaèdre pentagonal de la Minéralogie, provient d'un décroissement d'une rangée en largeur et de deux en hauteur sur les arêtes du cube. Ses faces auront pour équation

$$z\pm\frac{y}{2}=0,\quad x\pm\frac{z}{2}=0,\quad y\pm\frac{x}{2}=0.$$

Les angles formés par leurs plans sont de trois espèces. Le premier, formé par les faces $z+\frac{y}{2}=0, z-\frac{y}{2}=0$, donne $\cos V=-\frac{3}{5}$. Le second, formé par les faces $z+\frac{y}{2}=0, x+\frac{z}{2}=0$, a pour cosinus $\frac{2}{5}$; et enfin, le troisième, formé par les faces $x+\frac{z}{2}=0, x-\frac{z}{2}=0$, a pour cosinus $\frac{1}{5}$.

Les angles du pentagone sont pareillement de trois espèces. Le premier est formé par les intersections du plan $x-\frac{z}{2}=0$, et des deux autres $z\pm\frac{y}{2}=0$, lesquelles ont pour équations $x=\frac{1}{2}z$, $y=2z$, $x=\frac{1}{2}z$, $y=-2z$; faisant donc $a=\frac{1}{2}$, $b=2$, $a'=\frac{1}{2}$, $b'=-2$, on aura pour le cosinus de cet angle $\cos V=-\frac{1}{21}$. Le deuxième est formé par les droites d'intersection du plan $x-\frac{z}{2}=0$, et des deux autres $z-\frac{y}{2}=0$, $y+\frac{x}{2}=0$, lesquelles ont pour équations $x=\frac{1}{2}z$, $y=2z$, $x=\frac{1}{2}z$, $y=-\frac{1}{4}z$; les hypothèses $a=a'=\frac{1}{2}$, $b=2$, $b'=-\frac{1}{4}$, donnent $\cos V=-\frac{6}{21}$. Enfin, le troisième est formé par les intersections du plan $x-\frac{z}{2}=0$, avec les autres plans $x+\frac{z}{2}=0$, $y+\frac{x}{2}=0$; ces intersections ont pour équations $x=0$, $y=\frac{1}{0}z$, $x=\frac{1}{2}z$, $y=-\frac{1}{4}z$, et le cos V devient $-\frac{1}{\sqrt{21}}$, en y supposant $b=\frac{1}{0}$, $a'=\frac{1}{2}$, $b'=\frac{1}{4}$.

Les plans du dodécaèdre pentagonal et ceux de l'octaèdre donnent par leur ensemble l'icosaèdre. On parviendra aisément à calculer les angles de ce solide, puisque l'on connaît les équations de toutes ses faces; je me dispenserai de les chercher, et de calculer pareillement les élémens du trapézoèdre solide qui peut dériver du cube par un pointement à trois faces sur les angles. Mon but n'est pas de donner la théorie complète de la Cristallographie, mais seulement de laisser entrevoir comment on pourrait la développer au moyen des calculs précédens.

Si le parallélipipède est du genre de ceux que M. Haüy a nommés rhomboïdes, on a $\alpha=\beta=\gamma$, et $A=B=C$. L'équation générale des décroissemens est

$$\frac{x}{m}\pm\frac{y}{n}\pm\frac{z}{p}=0,$$

la formule qui donne l'angle de deux droites donne

$$\cos V = \frac{1+aa'+bb'+(ab'+a'b+a+a'+b+b')\cos\alpha}{\sqrt{1+a^2+b^2+2(ab+b+a)\cos\alpha}\sqrt{1+a'^2+b'^2+2(a'b'+b'+a')\cos\alpha}}.$$

Les équations d'une perpendiculaire au plan

$$\frac{x}{m}+\frac{y}{n}+\frac{z}{p}=0,$$

sont

$$x=\frac{\frac{1}{m}-\frac{1}{n}-\frac{1}{p}+\frac{1}{m\cos\alpha}}{\frac{1}{p}-\frac{1}{m}-\frac{1}{n}+\frac{1}{p\cos\alpha}}z,$$

$$y=\frac{\frac{1}{n}-\frac{1}{m}-\frac{1}{p}+\frac{1}{n\cos\alpha}}{\frac{1}{p}-\frac{1}{m}-\frac{1}{n}+\frac{1}{p\cos\alpha}}z.$$

Les troncatures sur les sommets auront pour équation $\frac{x}{m}+\frac{y}{n}+\frac{z}{p}=0$; celles qui ont lieu sur les angles latéraux seront représentées par les trois équations

$$-\frac{x}{m}+\frac{y}{n}+\frac{z}{p}=0,$$

$$\frac{x}{m}-\frac{y}{n}+\frac{z}{p}=0,$$

$$\frac{x}{m}+\frac{y}{n}-\frac{z}{p}=0.$$

L'axe du rhomboïde a pour équations $x=y=z$. Pour que les troncatures latérales lui soient parallèles, il faut que leurs équations soient satisfaites par les hypothèses $x=y=z$, c'est-à-dire qu'il faut que l'on ait $\frac{1}{m}=\frac{1}{n}+\frac{1}{p}$. Si le décroissement qui donne lieu à cette troncature sur l'angle n'est pas intermédiaire, on doit avoir $n=p$; le cristal secondaire sera un prisme hexaèdre régulier si $n = 2m$, car alors ces faces seront parallèles à l'axe. Si le décroissement a lieu sur les arêtes, $\frac{1}{p} = 0$. Il faut alors que $m = n$ pour que le cristal secondaire soit encore un prisme hexaèdre.

En général, les troncatures latérales conduisent à des dodécaèdres; et les troncatures sur les arêtes du sommet à des rhomboïdes. Les formules préliminaires donneront le moyen de calculer tous les angles de ces solides.

Par exemple, les trois faces d'un rhomboïde secondaire peuvent être représentées par les équations $\frac{y}{m} + \frac{x}{n} = 0$, $\frac{x}{m} + \frac{z}{n} = 0$, $\frac{z}{m} + \frac{y}{n} = 0$. Les équations de la droite d'intersection des deux premiers plans sont $x = -\frac{m}{n}z$, $y = \frac{m^2}{n^2}z$; celles de l'intersection du premier et du troisième sont pareillement $x = \frac{n^2}{m^2}z$, $y = -\frac{n}{m}z$. Si donc l'on fait $a = -\frac{m}{n}$, $b = \frac{m^2}{n^2}$, $a' = \frac{n^2}{m^2}$, $b' = -\frac{n}{m}$ dans $\cos V$, on aura l'angle plan du rhomboïde. Dans le cas particulier ou $m = n$, on a $a = -1$, $b = 1$, $a' = 1$, $b' = -1$ et $\cos V = \frac{2c - 1}{3 - 2c}$. $(c = \cos \alpha)$.

Le parallélipipède peut être encore tel, que sa base repose sur les arêtes; alors deux des angles α, β, γ seulement sont égaux. Il peut être oblique à base rectangle, ou droit à base oblique. Enfin, sa base peut être un rhombe: ces cas particuliers produiront de grandes simplifications dans les formules générales. Il est extrêmement rare que le parallélipipède soit parfaitement irrégulier.

De l'octaèdre, du tétraèdre, du prisme hexaèdre.

Si l'on veut seulement placer l'octaèdre le plus symétriquement possible, on peut prendre pour axes coordonnés ses trois axes de figure. Soient 2A, 2B, 2C leurs longueurs; les équations des faces de ce polyèdre seront

$$\pm\frac{x}{A}\pm\frac{y}{B}\pm\frac{z}{C}=1;$$

si sa base était un rectangle, il vaudrait mieux prendre les axes coordonnés qui doivent être situés dans son plan, parallèles aux côtés de ce rectangle. Les équations des faces seraient alors de la forme

$$\pm\frac{x}{A}\pm\frac{z}{C}=1,\quad \pm\frac{y}{B}\pm\frac{z}{C}=1.$$

Le tétraèdre a toutes ses faces parallèles à celles d'un octaèdre; il peut donc être placé de la même manière que lui, par rapport aux axes coordonnés; c'est-à-dire, que ces axes peuvent joindre deux à deux les milieux de deux arêtes opposées et non adjacentes. Si l'octaèdre et le tétraèdre sont réguliers, le système d'axes sera rectangulaire; si l'octaèdre est symétrique et le tétraèdre irrégulier, le système sera oblique.

Les axes seront ainsi placés de la manière la plus symétrique par rapport aux corps que nous considérons. Mais comme M. Haüy est parvenu à faire dépendre le calcul des décroissemens sur l'octaèdre et le tétraèdre, de celui des décroissemens sur le parallélipipède, il vaut mieux prendre alors pour l'angle solide à l'origine un des angles solides du tétraèdre. Dans ce cas, les plans passant par cette origine parallèlement aux faces de l'octaèdre, seront représentés par les équations $x=0$, $y=0$, $z=0$, $\frac{x}{A}+\frac{y}{B}+\frac{z}{C}=0$; A, B, C étant les trois arêtes du tétraèdre contiguës au sommet que l'on considère.

Quant au prisme héxaèdre et au prisme triangulaire, la réunion de deux prismes triangulaires forme aussi un parallélipipède, ce qui ramène encore le calcul des décroissemens sur ces nouveaux corps, à la théorie du parallélipipède que nous avons décrite précédemment.

Je me dispenserai de développer comment M. Haüy est parvenu à mesurer les angles des cristaux secondaires de la nature, et à déterminer les nombres relatifs aux décroissemens. Il me suffira d'observer que sa méthode est applicable à toute formule générale qui donnerait les angles d'une forme secondaire quelconque, et que de telles formules peuvent s'obtenir au moyen des calculs précédens.

35. Un des grands caractères de la généralité d'un calcul, c'est la facilité avec laquelle on peut l'appliquer à des questions totalement différentes. Les formules qui nous ont servi dans la théorie précédente, peuvent être utiles dans toutes les questions sur les surfaces qui exigeraient que les axes fussent obliques. Pour prouver en quelque sorte cette assertion, je rapprocherai de l'application précédente de ces mêmes formules, une autre application non moins utile, mais sur un sujet bien différent.

La détermination de l'inclinaison des couches minérales par le sondage, dépend de la solution de ce problème : *Déterminer l'angle avec l'horizon d'un plan dont on connaît trois points*, question qui peut se traiter de la manière suivante.

Soient A, B, C (fig. 30) les projections horizontales des points donnés ou les ouvertures de trois trous de sonde; je désignerai par q, q', q'' les côtés BC, AC, AB du triangle ABC, par γ l'angle BAC, par p, p', p'' les ordonnées verticales des points donnés, ou les profondeurs des trous de sonde A, B, C. On peut prendre pour axes coordonnés les droites AB, AC, AP, car comme ce système d'axes n'annule aucune des quantités p, p', p'', q, q', q'', la formule finale ne laissera pas que d'être symétrique, par rapport aux élémens qui déterminent la position des points donnés.

L'équation du plan PP'P'' sera de la forme $\frac{x}{m}+\frac{y}{n}+\frac{z}{p}=1$. Pour résoudre le problème, il suffit de calculer l'angle que forme la perpendiculaire à ce plan avec la droite AP. Si nous désignons par a et b les constantes qui déterminent les équations de cette perpendiculaire, les formules préliminaires donneront pour le cosinus, et par suite pour la tangente de cet angle,

$$\cos V=\frac{1}{\sqrt{1+a^2+b^2+2ab\cos\gamma}},\ \text{tang}\,V=\sqrt{a^2+b^2+2ab\cos\gamma};$$

les mêmes formules donnent encore pour déterminer a, b, les équations

$$a\cos\gamma+b=\frac{p}{n},$$

$$a+b\cos\gamma=\frac{p}{m};$$

si donc on en déduit les valeurs de ces constantes et qu'on les substitue dans tang V, on trouvera, toute réduction faite,

$$\tang V = p\sqrt{\frac{\frac{1}{m^2}+\frac{1}{n^2}-\frac{2\cos\gamma}{mn}}{1-\cos^2\gamma}};$$

il ne s'agit plus que de calculer $\frac{1}{m}$, $\frac{1}{n}$, et $\cos\gamma$ en fonction de p, p', p'', q, q', q''.

Les traces du plan sur ceux des xz et des yz devant passer par les points P′, P″, on doit avoir

$$\frac{q''}{m}+\frac{p'}{p}=1,\quad \frac{q'}{n}+\frac{p''}{p}=1,$$

d'où
$$\frac{1}{m}=\frac{p-p'}{pq''},\quad \frac{1}{n}=\frac{p-p''}{pq'}.$$

D'ailleurs le triangle ABC donne

$$\cos\gamma=\frac{q'^2+q''^2-q^2}{2q'q''}.$$

La substitution de ces valeurs dans tang V conduit à

$$\tang V = 2\sqrt{\frac{q^2(p'-p)(p''-p)+q'^2(p''-p')(p-p')+q''^2(p-p'')(p'-p'')}{(q+q'+q'')(q'+q''-q)(q+q''-q')(q+q'-q'')}},$$

ou ce qui revient au même,

$$\tang V = \frac{\sqrt{q^2(p'-p)(p''-p)+q'^2(p''-p')(p-p')+q''^2(p-p'')(p'-p'')}}{2\,\text{surf. ABC}}.$$

La symétrie de cette formule la rend d'un usage facile pour la pratique.

Dans le cas particulier ou $p'=p''$ elle se réduit à $\tang V=\frac{q(p-p')}{2\,\text{surf. ABC}}$; si l'on désigne par h la perpendiculaire abaissée de A sur BC, on a deux surf. ABC $=qh$, d'où $\tang V=\frac{p-p'}{h}$, ce qu'il est aisé de vérifier par la Géométrie.

On peut toujours ramener le problème à ce cas particulier, en cherchant sur la ligne PP″ dont les équations sont $x=0, \frac{y}{n}+\frac{z}{p}=1$, le point dont l'ordonnée verticale serait égale à p'; or on a pour déterminer sa coordonnée y, l'équation $\frac{y}{n}+\frac{p'}{p}=1$, ce qui donne, en substituant $\frac{1}{n}$ trouvé précédemment,

$$y=\frac{q'(p-p')}{(p-p'')}.$$

Si donc on voulait déterminer la direction de la couche, ou ce qui est la même chose une horizontale parallèle au plan, il suffirait de prendre sur AC une longueur $AD=\frac{q'(p-p')}{(p-p'')}$; la droite BD serait la direction demandée. La distance perpendiculaire P entre deux couches parallèles, est facile à calculer d'après cela, lorsque l'on connaît leur distance D sur la verticale; la simple considération du triangle rectangle dont D est l'hypoténuse et P l'un des côtés conduit à $P=D\cos V$.

36. Les calculs précédens sont fondés sur la forme dont nous nous sommes servi pour l'équation du plan. Cette forme établit une espèce de symétrie entre les coordonnées x, y, z, en les rapprochant séparément des quantités qui ont avec chacune d'elles un rapport plus immédiat qu'avec les deux autres. Le plan n'est pas le seul lieu géométrique dont l'équation puisse posséder cette symétrie. Les lignes et surfaces comprises dans les équations $\frac{x^\alpha}{a^\alpha}+\frac{y^\alpha}{b^\alpha}=1$ et $\frac{x^\alpha}{a^\alpha}+\frac{y^\alpha}{b^\alpha}+\frac{z^\alpha}{c^\alpha}=1$

jouissent de la même propriété. Cette symétrie rend même leur étude très facile, et la discussion suivante en sera la preuve.

Théorème sur les courbes et surfaces qui ont pour équations

$$\frac{x^\alpha}{a^\alpha}+\frac{y^\alpha}{b^\alpha}=1,\quad \frac{x^\alpha}{a^\alpha}+\frac{y^\alpha}{b^\alpha}+\frac{z^\alpha}{c^\alpha}=1.$$

La courbe $\frac{x^\alpha}{a^\alpha}+\frac{y^\alpha}{b^\alpha}=1$ rencontre les axes en des points distans de l'origine de a et de b.

L'équation de la tangente à cette courbe au point x', y' peut se mettre sous la forme

$$\frac{x'^{\alpha-1}x}{a^\alpha}+\frac{y'^{\alpha-1}y}{b^\alpha}=1;$$

les points où cette tangente vient rencontrer les axes, sont distans de l'origine de $\frac{a^\alpha}{x'^{\alpha-1}}$ et de $\frac{b^\alpha}{y'^{\alpha-1}}$; ces quantités seront moindres ou plus grandes que a, b, suivant que l'exposant α sera plus petit que l'unité ou la surpassera. D'où il suit que la courbe est convexe du côté des axes lorsque $\alpha<1$, et concave pour $\alpha>1$. On s'assurera aisément que dans le premier cas les axes sont des tangentes à la courbe, que dans le second ce sont des normales.

Les seules constantes a et b suffisent pour déterminer cette courbe; nous les désignerons sous la dénomination commune de *paramètres*. Cela posé, on peut déduire de ce qui précède que les paramètres de la tangente au point x', y', de la courbe sont entre eux dans le rapport de $\frac{a^\alpha}{x'^{\alpha-1}}$ à $\frac{b^\alpha}{y'^{\alpha-1}}$.

Parmi les courbes que nous discutons, on distingue

1°. Lorsque $\alpha = 1$, la ligne droite $\frac{x}{a} + \frac{y}{b} = 1$.

2°. Lorsque $\alpha = 2$, l'ellipse $\frac{x^2}{a^2} + \frac{y^2}{b^2} = 1$.

3°. Lorsque $\alpha = -1$, l'hyperbole rapportée à deux parallèles a ses asymptotes $\frac{a}{x} + \frac{b}{y} = 1$.

4°. Lorsque $\alpha = \frac{1}{2}$, la parabole rapportée à deux de ses tangentes $\frac{x^{\frac{1}{2}}}{a^{\frac{1}{2}}} + \frac{y^{\frac{1}{2}}}{b^{\frac{1}{2}}} = 1$.

5°. Enfin, lorsque $\alpha = \frac{2}{3}$, la développée de l'ellipse $\frac{x^{\frac{2}{3}}}{a^{\frac{2}{3}}} + \frac{y^{\frac{2}{3}}}{b^{\frac{2}{3}}} = 1$.

Pour que l'origine des coordonnées soit le centre de la courbe, il faut que α soit pair, les exemples (2°), (5°) sont dans ce cas; la courbe est alors symétrique par rapport aux deux axes coordonnés. Lorsque l'exposant α est impair, l'origine des coordonnées n'est pas le centre de la courbe, cette courbe n'est pas symétrique par rapport aux axes, et même lorsque α est plus petit que l'unité, la courbe ne sort pas de l'angle des coordonnées positives, ex. (1°) (4°).

L'exposant α seul caractérise l'espèce de courbe que l'on considère; et pour cela, je désignerai par courbe α, courbe β, celles dont les exposans seraient α et β.

Imaginons que l'on donne pour paramètres à une courbe α les coordonnées d'un point, que nous nommerons *directeur*, seulement assujéti à se trouver sur une autre courbe $\mathcal{C}$ invariable, que j'appellerai *courbe directrice*. L'ensemble de toutes les courbes α ainsi dirigées, sera enveloppé par une courbe γ du genre que nous considérons; et il y a cela de particulier, qu'une courbe γ est réciproquement l'enveloppe de toutes les courbes $\mathcal{C}$ qui auraient leurs points directeurs sur une courbe α. Ce théorème que nous allons démontrer, et dont nous déduirons nombre de conséquences, est analogue à un autre théorème sur les surfaces, que nous démontrerons aussi par la suite.

Soient m et n les paramètres variables de la courbe génératrice α; elle aura pour équation dans une position particulière

$$\frac{x^\alpha}{m^\alpha}+\frac{y^\alpha}{n^\alpha}=1.$$

Soient a et b les paramètres constans de la directrice $\mathcal{C}$, elle aura pour équation

$$\frac{m^\mathcal{C}}{a^\mathcal{C}}+\frac{n^\mathcal{C}}{b^\mathcal{C}}=1.$$

Si l'on élimine n entre ces deux équations, on n'aura plus qu'un seul paramètre variable dans l'équation des génératrices, et il sera facile ensuite d'en trouver l'enveloppe. Or, ces deux équations peuvent se mettre sous la forme

$$\frac{y^\alpha}{n^\alpha}=1-\frac{x^\alpha}{m^\alpha},\quad \frac{n^\mathcal{C}}{b^\mathcal{C}}=1-\frac{m^\mathcal{C}}{a^\mathcal{C}};$$

si l'on élève la première à la puissance $\mathcal{C}$, la deuxième à la puissance α, et qu'on les multiplie ensuite l'une par l'autre, n se trouvera éliminé, et les génératrices auront pour équation

$$(1)\quad \frac{y^{\alpha\beta}}{b^{\alpha\beta}}=\left(1-\frac{x^\alpha}{m^\alpha}\right)^\beta\left(1-\frac{m^\beta}{a^\beta}\right)^\alpha;$$

on en déduira l'équation de l'enveloppe, en la différenciant par rapport à m, ce qui donne

$$\left(1-\frac{x^\alpha}{m^\alpha}\right)\frac{m^\beta}{a^\beta}=\left(1-\frac{m^\beta}{a^\beta}\right)\frac{x^\alpha}{m^\alpha},$$

ou $$(2)\quad \frac{m^\beta}{a^\beta}=\frac{x^\alpha}{m^\alpha},\quad m=x^{\frac{\alpha}{\alpha+\beta}}\,a^{\frac{\beta}{\alpha+\beta}};$$

éliminant m entre les équations (1) et (2), on en déduit successivement

$$\frac{y^{\frac{\alpha\beta}{\alpha+\beta}}}{b^{\frac{\alpha\beta}{\alpha+\beta}}}=1-\frac{x^\alpha}{m^\alpha},$$

et $$(\gamma)\quad \frac{y^{\frac{\alpha\beta}{\alpha+\beta}}}{b^{\frac{\alpha\beta}{\alpha+\beta}}}+\frac{x^{\frac{\alpha\beta}{\alpha+\beta}}}{a^{\frac{\alpha\beta}{\alpha+\beta}}}=1;$$

telle est l'équation de l'enveloppe γ; elle est du genre des courbes que nous discutons, et il existe entre les exposans de la directrice, de l'enveloppée et de l'enveloppe, la relation

$$\frac{1}{\gamma}=\frac{1}{\alpha}+\frac{1}{\beta}.$$

Comme cette équation est symétrique en α et β, la réciprocité que nous avions annoncée s'en déduit aisément.

Dans toute cette discussion, l'angle formé par les axes peut être arbitraire; nous profiterons de cette généralité dans les exemples, pour en déduire des principes plus étendus. Il est bon de remarquer que toutes les fois que nous considérons la courbe $\frac{2}{3}$ comme la développée de l'ellipse, nous sous-entendons que les axes sont rectangulaires.

Si $\alpha = 1$, $\beta = 1$, on a $\gamma = \frac{1}{2}$. Donc si par un point D (fig. 29) pris sur le côté BC d'un triangle ABC, on mène DM, DN parallèles à AB, AC, la diagonale MN du parallélogramme AD sera tangente à la parabole CDB inscrite dans l'angle BAC, et dont B et C seraient les points de contact avec AB et AC. Cette parabole est unique, puisque quatre points déterminent une parabole, et que deux contacts équivalent à quatre points.

On peut déduire de cette propriété un moyen géométrique de mener à une parabole dont on connaît seulement les deux tangentes en deux points déterminés, une autre tangente assujétie à passer par un point donné sur son plan.

La solution du problème se réduit à trouver sur BC (fig. 29) le point D, pour lequel la diagonale MN passera par le point P. Concevons MN prolongée jusqu'à la rencontre de BC en L, menons par le point P les lignes PE et PF, parallèles aux côtés AB, AC du triangle ABC. Le parallélisme des lignes MB, PE, ND, et celui des trois autres MD, PF, NC, donnent les proportions

$$LB : LD :: LM : LN :: LD : LC :: LE : LF,$$

d'où $$LB - LE : LD - LF :: LE - LD : LF - LC,$$

et $$BE.CF = DE.DF.$$

Il suffit donc de partager la ligne EF en deux parties dont le rectangle soit égal à BE.CF.

Le problème aura deux solutions, une seule ou sera impossible suivant que BE.CF sera plus petit, égal ou plus grand que $\frac{1}{4}\overline{EF}^2$; c'est qu'alors le point sera dehors, dessus ou au dedans de la parabole.

Si le point P n'était pas dans l'angle BAC, le point D se trouverait sur le prolongement de EF; il suffirait alors de construire deux lignes DE, DF de différence donnée EF dont le rectangle serait BE.CF; dans ce cas, il y aurait toujours deux solutions.

On peut d'ailleurs déterminer aisément la droite qui joint les points de contact des tangentes menées par le point P à la parabole. A cet effet, on construira les points directeurs des tangentes primitives, relativement à ces nouvelles tangentes considérées comme axes; la droite qui les joindra devra contenir leurs points de contact avec la courbe. On pourrait ainsi construire la parabole par points.

2°. Pour $\alpha=2$, $\beta=2$, la relation $\frac{1}{\gamma}=\frac{1}{\alpha}+\frac{1}{\beta}$ donne $\gamma=1$.

On en déduit aisément la solution de ce problème indéterminé : *Inscrire une ellipse dans un parallélogramme donné.* On peut se donner en outre ou bien le rapport des diamètres, ou bien un cercle à la surface duquel celle de l'ellipse proposée devrait être équivalente. Pour le premier cas, il suffit de mener par l'origine une droite telle, que ses coordonnées soient dans le rapport donné; son intersection avec l'ellipse directrice, sera le point directeur de l'ellipse demandée. Pour résoudre le second, désignons par R le rayon du cercle donné, par $2a$, $2b$, les diagonales du parallélogramme, par δ l'angle qu'elles forment entre elles, par x, y les demi-diamètres de l'ellipse cherchée; on aura pour les déterminer les deux équations

$$(1)\quad \frac{x^2}{a^2}+\frac{y^2}{b^2}=1,\quad xy=\frac{m^2}{\sin\delta},$$

d'où $$(2)\quad \frac{2xy}{ab}=\frac{2m^2}{ab\sin\delta}.$$

Si l'on ajoute les équations (1) et (2), les inconnues devront encore satisfaire à l'équation résultante

$$(3)\quad \frac{x}{a}+\frac{y}{b}=\pm\sqrt{1+2\frac{m^2}{ab\sin\alpha}};$$

les points directeurs inconnus seront donc donnés par l'intersection de l'ellipse (1) et de la droite (3). Le rapport des paramètres de cette droite est toujours celui des axes a et b; elle est donc constamment parallèle à un des côtés du rhombe. Si l'on mène à l'ellipse circonscrite une tangente parallèle à cette droite, le point de contact déterminera l'ellipse inscrite dont la surface est un maximum. Pour cette courbe, les différentielles des équations (1) et (2) doivent avoir lieu en même temps; on doit donc avoir

$$\frac{dx}{x}+\frac{dy}{y},\quad \frac{xdx}{a^2}+\frac{ydy}{b^2}=0,\quad \text{d'où}\quad \frac{x}{a}=\frac{y}{b};$$

l'ellipse maximum inscrite est donc semblable à l'ellipse circonscrite.

Les deux problèmes précédens peuvent servir dans la construction d'une voûte elliptique, lorsque l'espace qui doit la contenir est terminé par une base rectangulaire ou plus généralement parallélogramique.

On déduit encore de ce second exemple un moyen de mener une tangente commune à deux ellipses concentriques rapportées à deux axes quelconques passant par leur centre commun; elles ont pour équations

$$Ax^2+Bxy+Cy^2=1,\quad A'x^2+B'xy+C'y^2=1.$$

Si on les retranche l'une de l'autre, l'équation résultante

$$(A - A')x^2 + (B - B')xy + (C - C')y^2 = 0,$$

sera celle de deux droites passant par le centre et par les points d'intersection des ellipses proposées. Il est aisé de conclure de là que ces quatre points d'intersection sont les quatre sommets d'un parallélogramme, et qu'en menant par le centre deux diamètres parallèles à ses côtés, ils seront conjugués entre eux pour l'une et l'autre ellipse.

Prenons pour axes ces deux nouveaux diamètres. Les tangentes communes demandées forment évidemment un parallélogramme à la fois circonscrit aux deux ellipses. On peut déterminer aisément l'ellipse qui lui est elle-même circonscrite, et qui a ses diagonales inconnues pour diamètres conjugués, car on connaît deux de ses points, savoir, les directeurs des ellipses proposées. Cette considération ramène la solution de ce problème à celui-ci : *Faire passer par deux points donnés une ellipse dont on connaît le centre et les directions de deux diamètres conjugués.* On trouvera dans le problème de la page 53 tous les élémens nécessaires pour achever la présente solution.

3°. Pour $\alpha = 1$, $\beta = 2$, ou $\alpha = 2$, $\beta = 1$, on a $\gamma = \frac{2}{3}$.

La courbe $\frac{2}{3}$ est, comme nous l'avons indiqué, la développée de l'ellipse; on peut le démontrer de la manière suivante.

Soit (1) $\frac{x^2}{A^2} + \frac{y^2}{B^2} = 1$, l'équation d'une ellipse rapportée à son centre et à ses axes; l'équation en $x'y'$ de la normale au point x, y sera

$$(2) \quad A^2\left(1 - \frac{x'}{x}\right) = B^2\left(1 - \frac{y'}{y}\right).$$

Pour avoir une équation qui appartienne au point de rencontre de cette normale, et de son infiniment voisine, il suffit de différencier (2) par rapport à x et à y, ce qui donne

$$(3)\quad \frac{x^3}{A^4x'}+\frac{y^3}{B^4y'}=0.$$

L'élimination de x, y entre (1), (2) et (3) conduira à l'équation en $x'y'$ de la développée. Si l'on pose...... $A^2\left(1-\frac{x'}{x}\right)=K^2$, on en déduira $y=\frac{B^2y'}{B^2-K^2}$, $x=\frac{A^2x'}{A^2-K^2}$.
La substitution de ces valeurs dans les équations (1) et (3), donne les deux équations

$$(4)\quad \frac{A^2x'^2}{(A^2-K^2)^2}+\frac{B^2y'^2}{(B^2-K^2)}=1,$$

$$(5)\quad \frac{A^2x'^2}{(A^2-K^2)^3}+\frac{B^2y'^2}{(B^2-K^2)^3}=0,$$

entre lesquelles l'élimination de K doit conduire à l'équation de la développée. Or, si $F(x, y, K)=0$ représente la première, $\frac{dF}{dK}=0$ représentera la seconde; donc la développée de l'ellipse proposée est l'enveloppe d'une série d'autres ellipses qui lui sont concentriques, dont les axes a, b sont liés entre eux par l'équation résultante de l'élimination de K^2 entre (6) $a=A-\frac{K^2}{A}$, $b=B-\frac{K^2}{B}$, et qui est

$$(7)\quad \frac{a}{A-\frac{B^2}{A}}+\frac{b}{B-\frac{A^2}{B}}=1;$$

la suite des points directeurs de ces ellipses est donc une ligne droite, leur enveloppe d'après l'exemple dont nous nous occupons, est donc la courbe $\frac{2}{3}$, et cette dernière courbe est identique avec la développée de l'ellipse.

Il suit de ce troisième exemple, que si l'on construit l'ellipse dont les axes sont $\frac{A^2}{B} - B$, $A - \frac{B^2}{A}$, et qui a les mêmes sommets que la développée, tous ses points seront directeurs des tangentes à la développée, lesquelles sont normales à l'ellipse proposée.

On peut s'appuyer sur cette propriété pour mener une normale à l'ellipse par un point P donné.

Si le point P était sur la développée, il y aurait une des normales qui lui serait tangente en ce point. On construira cette droite en observant que ses paramètres sont entre eux dans le rapport $\sqrt[3]{\frac{a^2 m}{b^2 n}}$, et que par conséquent son point directeur est celui de l'ellipse circonscrite, dont les ordonnées sont dans le même rapport.

Si le point P était sur un des axes, sur celui des x par exemple, il déterminerait l'abscisse des points de l'ellipse directrice, directeurs des normales demandées.

En général, ces points sont donnés par les intersections de l'ellipse directrice, et du lieu géométrique des points directeurs de toutes les droites passant par le point P. Cette dernière courbe est une hyperbole qui passe par l'origine, et dont les asymptotes sont les parallèles aux axes menées par le point donné. En effet, soient m et n ses coordonnées, x, y les paramètres d'une droite quelconque menée par ce point; on devra avoir

$$(8) \qquad \frac{m}{x} + \frac{n}{y} = 1;$$

et comme x et y déterminent le point directeur de cette

droite, l'équation (8) en est le lieu géométrique : en la discutant on reconnaîtra aisément ce que nous avions annoncé.

Sous le rapport de la Géométrie, on pourra décrire par points cette hyperbole, puisque l'on connaît ses asymptotes et l'un de ses points; ses intersections avec l'ellipse directrice compléteront la solution. D'après la forme de la développée à laquelle on veut mener une tangente par le point donné, s'il est intérieur, il y aura quatre solutions, deux seulement lorsqu'il sera extérieur; enfin, l'hyperbole aura avec l'ellipse directrice deux points communs, et un contact lorsque le point donné sera situé sur la développée même.

Sous le rapport de l'analyse, l'élimination de l'une des coordonnées, y par exemple, entre l'équation (8) et celle de l'ellipse directrice, que je mettrai sous la forme (9) $\frac{x^2}{a^2}+\frac{y^2}{b^2}=1$, conduira à une équation du quatrième degré en x, qui aura ses quatre racines réelles et inégales, réelles et deux égales, ou enfin, deux réelles et deux imaginaires, suivant que l'on aura $\frac{m^{\frac{2}{3}}}{a^{\frac{2}{3}}}+\frac{n^{\frac{2}{3}}}{b^{\frac{2}{3}}}-1$, négatif, nul ou positif. On peut réduire la difficulté à la résolution d'une équation du troisième degré de la manière suivante : mettons les deux équations (8) et (9) sous la forme

$$\frac{zx^2}{a^2}+\frac{zy^2}{b^2}-z=0,$$

$$\frac{2xy}{ab}-\frac{2nx}{ab}-\frac{2my}{ab}=0.$$

z étant une indéterminée quelconque, si on les ajoute,

8..

l'équation résultante sera celle d'un lieu géométrique du second degré, passant par les intersections des courbes (8) et (9). On peut disposer de l'indéterminée z, pour que cette nouvelle équation

$$(10) \quad \frac{zx^2}{a^2}+\frac{zy^2}{b^2}+\frac{2xy}{ab}-\frac{2nx}{ab}-\frac{2my}{ab}-z=0,$$

représente l'ensemble de deux lignes droites. Cette condition exige que z soit une des racines de l'équation

$$(11) \quad z^3-z\left(\frac{m^2}{a^2}+\frac{n^2}{b^2}-1\right)-\frac{2mn}{ab}=0.$$

Si donc on peut résoudre cette dernière équation du troisième degré, qui manque déjà de second terme, une quelconque des valeurs de z substituée dans l'équation (10), la rendra décomposable en deux facteurs du premier ordre, qui, combinés successivement avec l'équation (9), donneront les coordonnées des quatre points cherchés.

On pourrait encore se proposer dans l'exemple présent, d'inscrire dans la courbe $\frac{2}{3}$, une ellipse dont le rapport des diamètres fût donné, ou dont la surface fût équivalente à un cercle de rayon R. Le premier de ces problèmes se résout en menant par l'origine une ligne telle que ses coordonnées soient dans le rapport donné; son intersection avec la droite directrice sera le point directeur de l'ellipse demandée. Pour résoudre le second problème, soient x, y les diamètres de l'ellipse cherchée, δ l'angle formé par les axes; on devra avoir $xy=\frac{R^2}{\sin\delta}$. Le point directeur de l'ellipse sera donc donné par l'intersection de la droite directrice et d'une hyperbole, qui aurait pour asymptotes les axes coordonnés. Il y aura en général deux solutions; si elles se réduisent à une seule, c'est que la surface de l'ellipse inscrite est une extrême grandeur; alors l'hyperbole étant tangente à la directrice, ne pourrait l'être qu'au point milieu de cette droite; il sera donc le point directeur de l'ellipse inscrite dont la surface est la plus grande, et qui, dans ce cas, est semblable à l'ellipse circonscrite.

On résoudrait absolument de la même manière ces deux autres problèmes : *Inscrire dans la courbe* $\frac{2}{3}$ *un parallélogramme, ou dans la développée de l'ellipse, un losange qui ait ses sommets sur les axes, dont les diagonales soient dans un rapport donné, ou bien dont la surface soit équivalente à celle d'un carré donné* R^2. On verrait que, dans ce dernier cas, le problème admet deux solutions; que le parallélogramme inscrit dont la surface est un maximum, a pour point directeur celui de contact d'une tangente à l'ellipse directrice, parallèle au côté du parallélogramme circonscrit, auquel celui que l'on veut inscrire sera semblable.

La discussion des surfaces représentées par les équations

$$\frac{x^\alpha}{a^\alpha}+\frac{y^\alpha}{b^\alpha}+\frac{z^\alpha}{c^\alpha}=1$$

se fera de la même manière que celle des courbes précédentes. Les seules constantes a, b, c et l'exposant α suffisent pour déterminer la surface. L'exposant α en spécifie l'espèce, et les paramètres a, b, c la particularisent en elle-même. Je désignerai dorénavant par surface α, l'espèce de surface dont l'exposant est α.

Imaginons, comme dans la discussion précédente, que les coordonnées d'un point que j'appellerai *directeur* servent de paramètres à une surface α, et que ce point soit seulement assujéti à se trouver sur une autre surface β que j'appellerai aussi *surface directrice;* l'ensemble de toutes les surfaces α sera enveloppé par une autre surface γ qui sera du nombre de celles que nous discutons; et il y aura cela de particulier, que la surface (γ) pourrait être encore l'enveloppe de toutes les surfaces β qui auraient pour directrice une surface α. Ce théorème peut se démontrer de la manière suivante.

Désignons par m, n, p les paramètres d'une surface génératrice α, par a, b, c ceux de la surface directrice β. On devra avoir

$$\frac{x^\alpha}{m^\alpha}+\frac{y^\alpha}{n^\alpha}+\frac{z^\alpha}{p^\alpha}=1,$$

$$\frac{m^\beta}{a^\beta}+\frac{n^\beta}{b^\beta}+\frac{p^\beta}{c^\beta}=1;$$

l'élimination d'un des paramètres variables, de p par exemple, donne

$$(1) \quad \frac{z^{\alpha\beta}}{c^{\alpha\beta}}=\left(1-\frac{x^\alpha}{m^\alpha}-\frac{y^\alpha}{n^\alpha}\right)^\beta\left(1-\frac{m^\beta}{a^\beta}-\frac{n^\beta}{b^\beta}\right)^\alpha;$$

on obtiendra l'enveloppe de toutes les surfaces α, en différenciant successivement l'équation (1) par rapport à m et n, et éliminant ces deux paramètres au moyen des équations différentielles

$$\left(1-\frac{x^\alpha}{m^\alpha}-\frac{y^\alpha}{b^\alpha}\right)\frac{m^\beta}{a^\beta}=\left(1-\frac{m^\beta}{a^\beta}-\frac{n^\beta}{b^\beta}\right)\frac{x^\alpha}{m^\alpha},$$

$$\left(1-\frac{x^\alpha}{m^\alpha}-\frac{y^\alpha}{n^\alpha}\right)\frac{n^\beta}{b^\beta}=\left(1-\frac{m^\beta}{a^\beta}-\frac{n^\beta}{b^\beta}\right)\frac{y^\alpha}{n^\alpha};$$

elles donnent $\frac{m^\beta}{a^\beta}=\frac{x^\alpha}{m^\alpha}$, $\frac{n^\beta}{b^\beta}=\frac{y^\alpha}{n^\alpha}$; on en déduit successivement

$$\frac{z^{\frac{\alpha\beta}{\alpha+\beta}}}{c^{\frac{\alpha\beta}{\alpha+\beta}}}=1-\frac{x^\alpha}{m^\alpha}-\frac{y^\alpha}{n^\alpha},$$

$$m^\alpha=a^{\frac{\alpha\beta}{\alpha+\beta}}\,x^{\frac{\alpha^2}{\alpha+\beta}};\quad n^\alpha=b^{\frac{\alpha\beta}{\alpha+\beta}}\,y^{\frac{\alpha^2}{\alpha+\beta}},$$

et enfin on a, pour l'équation de l'enveloppe,

$$\frac{x^{\frac{\alpha\beta}{\alpha+\beta}}}{a^{\frac{\alpha\beta}{\alpha+\beta}}}+\frac{y^{\frac{\alpha\beta}{\alpha+\beta}}}{b^{\frac{\alpha\beta}{\alpha+\beta}}}+\frac{z^{\frac{\alpha\beta}{\alpha+\beta}}}{c^{\frac{\alpha\beta}{\alpha+\beta}}}=1;$$

elle est comprise dans l'équation générale, son exposant γ est lié aux exposans α, β par la relation

$$\frac{1}{\gamma}=\frac{1}{\alpha}+\frac{1}{\beta}:$$

cette équation étant symétrique en α et β, la réciprocité que nous avons annoncée en est une conséquence.

Si l'on fait $\alpha=2$, $\beta=2$, on trouve $\gamma=1$.

Lors donc que la génératrice est un ellipsoïde ainsi que la directrice, l'enveloppe a pour équation

$$\pm\frac{x}{a}\pm\frac{y}{b}\pm\frac{z}{c}=1,$$

et comprend les huit plans qui passent par trois des six sommets de la directrice, en sorte que cette enveloppe est un octaèdre symétrique.

On peut se proposer d'inscrire dans un tel octaèdre un ellipsoïde quelconque. Le problème est alors indéterminé, il suffit de prendre pour axes les trois diagonales de ce polyèdre, de concevoir un ellipsoïde qui aurait ces mêmes diagonales $2a$, $2b$, $2c$ pour diamètres conjugués; un quelconque de ses points pourra servir de directeur à l'ellipsoïde inscrit demandé. Si l'on voulait que les paramètres de cette surface fussent dans des rapports donnés, il suffirait de chercher l'intersection de l'ellipsoïde directrice avec un diamètre dont les coordonnées seraient dans les rapports demandés; c'est un problème de Géométrie descriptive assez simple; de plus, l'Analyse donnerait aisément les coordonnés de ce point d'intersection.

Supposons que les diagonales du polyèdre soient rectangulaires; on pourra demander que l'ellipsoïde inscrit ait une solidité donnée, par exemple celle d'une sphère de rayon R. Désignons par x, y, z les axes de la surface inconnue; on devra avoir

$$(1)\quad xyz = R^3,$$

et tous les points d'intersection de cette surface et de l'ellipsoïde, pourront servir de directeurs à l'ellipsoïde demandé. Le problème est donc encore indéterminé; mais si l'on exige qu'en outre la section horizontale de cet ellipsoïde ait une surface donnée, par exemple celle d'un cercle de rayon R', on devra avoir (2) $xy = R'^2$, et le point d'intersection de ces deux surfaces et de l'ellipsoïde directrice

$$(3)\quad \frac{x^2}{a^2} + \frac{y^2}{b^2} + \frac{z^2}{c^2} = 1$$

sera le directeur de la surface demandée. Le demi-axe vertical sera $z = \frac{R^3}{R'^2}$ et les deux demi-axes horizontaux les coordonnées du point d'intersection des deux courbes

$$(4)\quad \frac{x^2}{a^2\left(1 - \frac{R^6}{c^2 R'^4}\right)} + \frac{y^2}{b^2\left(1 - \frac{R^6}{c^2 R'^4}\right)} = 1,$$

$$xy = R'^2.$$

Nous avons ramené précédemment la recherche de cette intersection à construire celle d'une ligne droite et d'une ellipse. Il y a donc deux solutions; mais les surfaces correspondantes ont le même axe vertical.

Si la solidité de l'ellipse inscrite doit être la plus grande possible, il faudra que l'on ait d'après les équations (1) et (3)

$$(5)\quad \frac{dx}{x}+\frac{dy}{y}+\frac{dz}{z}=0,$$

$$(6)\quad \frac{x^2}{a^2}\cdot\frac{dx}{x}+\frac{y^2}{b^2}\cdot\frac{dy}{y}+\frac{z^2}{c^2}\cdot\frac{dz}{z}=0.$$

Multipliant la première de ces différentielles par $\frac{z^2}{c^2}$ et les retranchant, il faudra que l'équation

$$(7)\quad \left(\frac{x^2}{a^2}-\frac{z^2}{c^2}\right)\frac{dx}{x}+\left(\frac{y^2}{b^2}-\frac{z^2}{c^2}\right)\frac{dy}{y}=0$$

soit satisfaite, quel que soit le $\frac{dy}{dx}$, ce qui exige que l'on ait (8) $\frac{x}{a}=\frac{y}{b}=\frac{z}{c}$. L'ellipsoïde inscrit *maximum* doit donc être semblable au circonscrit. Les équations (5) et (6) sont les différentielles des équations (1) et (3); en les combinant ensemble, on exprime que les deux surfaces sont tangentes; les relations (8) transforment les équations (5) et (6) en

$$(9)\quad \frac{dx}{a}+\frac{dy}{b}+\frac{dz}{c}=0;$$

c'est l'équation différentielle du plan tangent. Il est parallèle à l'une des faces de l'octaèdre, ce qui donne un moyen facile de trouver par la Géométrie descriptive, le point directeur de l'ellipsoïde inscrit, *maximum* en solidité.

On peut pareillement déduire de cet exemple la solution de ce problème : *Mener un plan tangent commun à trois ellipsoïdes concentriques.* D'après un théorème connu, trois surfaces du second degré concentriques ont toujours un système de plans diamétraux conjugués communs. Prenons ces plans pour les coordonnés, les trois ellipsoïdes auront pour équations

$$\frac{x^2}{\alpha^2}+\frac{y^2}{\beta^2}+\frac{z^2}{\gamma^2}=1,$$

$$\frac{x^2}{\alpha'^2}+\frac{y^2}{\beta'^2}+\frac{z^2}{\gamma'^2}=1,$$

$$\frac{x^2}{\alpha''^2}+\frac{y^2}{\beta''^2}+\frac{z^2}{\gamma''^2}=1;$$

les plans tangens demandés forment évidemment un octaèdre dont les faces sont parallèles deux à deux, et dont les six sommets sont sur les trois axes. L'ellipsoïde circonscrit qui a les diagonales de ce polyèdre pour diamètres conjugués, est celui qui passerait par les points directeurs des ellipsoïdes donnés. Soient A, B, C les trois paramètres inconnus de cette surface; on devra avoir pour les déterminer les trois équations

$$\frac{\alpha^2}{A^2}+\frac{\beta^2}{B^2}+\frac{\gamma^2}{C^2}=1,$$

$$\frac{\alpha'^2}{A^2}+\frac{\beta'^2}{B^2}+\frac{\gamma'^2}{C^2}=1,$$

$$\frac{\alpha''^2}{A^2}+\frac{\beta''^2}{B^2}+\frac{\gamma''^2}{C^2}=1;$$

on en déduira facilement $\frac{1}{A}$, $\frac{1}{B}$, $\frac{1}{C}$, en fonction de α, β, γ, α', etc.; substituant ensuite ces valeurs dans

$$(2) \quad \pm\frac{x}{A}\pm\frac{y}{B}\pm\frac{z}{C}=1,$$

on aura l'équation des plans tangens demandés.

Ce dernier problème n'est qu'un cas particulier de celui-ci : *Etant donnés les directions de trois diamètres conjugués et trois points d'une surface du second ordre, la déterminer.* Même dans ce cas général, il peut se résoudre par la Géométrie descriptive, au moyen des divers théorèmes démontrés plus haut. Je vais indiquer cette solution. Je crois qu'un peu de réflexion suppléera aux figures qui seraient trop compliquées pour être placées dans cet ouvrage.

Soient OX, OY, OZ les directions des trois diamètres conjugués, A, B, C les trois points donnés. Soient pareillement A′, B′, C′, A″, B″, C″, A‴, B‴, C‴ les points symétriques de A, B, C, dans les angles solides formés par les plans XOY, XOZ, YOZ, qui ont l'axe OX pour arête commune.

Au moyen de ces données proposons-nous de construire le plan diamétral de la surface demandée, conjugué à la direction AB″. Ce plan devant passer par le centre O, et par le milieu de AB″, il suffit de trouver un autre de ses points. Or, les deux plans parallèles BB′B″B‴, CC′C″C‴, l'ensemble des deux plans BB′CC′, B″B‴C″C‴, et l'ensemble des deux autres BB″CC″, B′B‴C′C‴, peuvent être considérés comme trois surfaces du second degré, ayant huit points communs avec la surface proposée; leurs plans diamétraux conjugués à la direction AB″ se couperont en un point par lequel devra passer le plan diamétral de la surface proposée, conjugué à la même direction (page 37, théorème) lequel sera dès-lors complètement déterminé.

Cela posé, les courbes ABC, A′B′C′ de la surface proposée, sont situées sur un cylindre dont l'axe parallèle à la direction OY, contient les centres de ces mêmes courbes. Ce cylindre, la surface proposée et l'ensemble des deux plans ABC, A′B′C′ ayant mêmes intersections, leurs plans diamétraux conjugués à une direction quelconque, se couperont suivant une même droite (page 35, théorème). On construira les plans diamétraux de la surface et de l'ensemble des deux plans conjugués à AB″; le plan mené par leur intersection parallèlement à OY, sera un des diamétraux du cylindre. Par une construction semblable, on déterminera le plan diamétral de ce même cylindre conjugué à AC″. L'intersection de ces deux plans sera l'axe du cylindre, et donnera le centre de la courbe ABC. Cette courbe sera donc complètement déterminée.

Maintenant, pour trouver en longueur un des trois diamètres de la surface, il suffit de mener, suivant OX par exemple, un plan qui coupera la courbe ABC en deux points M et N; ces points suffiront pour construire la section faite par ce plan dans la surface, et par suite la longueur de l'axe OX.

Les problèmes précédens sur l'inscription d'un ellipsoïde dans l'octaèdre, peuvent être utiles dans la construction des voûtes elliptiques, lorsque les dimensions du toit sont données.

FIN.

De l'Imprimerie de Mme Ve COURCIER, rue du Jardinet.

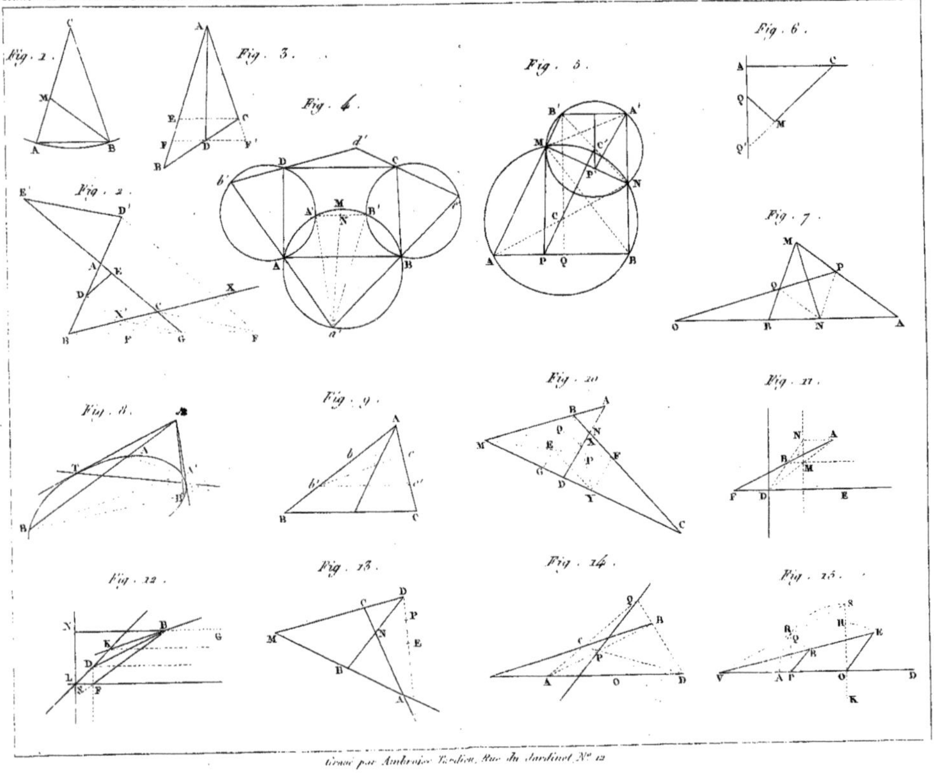

Fig. 1.

Fig. 2.

Fig. 3.

Fig. 4.

Fig. 5.

Fig. 6.

Fig. 7.

Fig. 8.

Fig. 9.

Fig. 10.

Fig. 11.

Fig. 12.

Fig. 13.

Fig. 14.

Fig. 15.

Gravé par Ambroise Tardieu, Rue du Jardinet N° 12

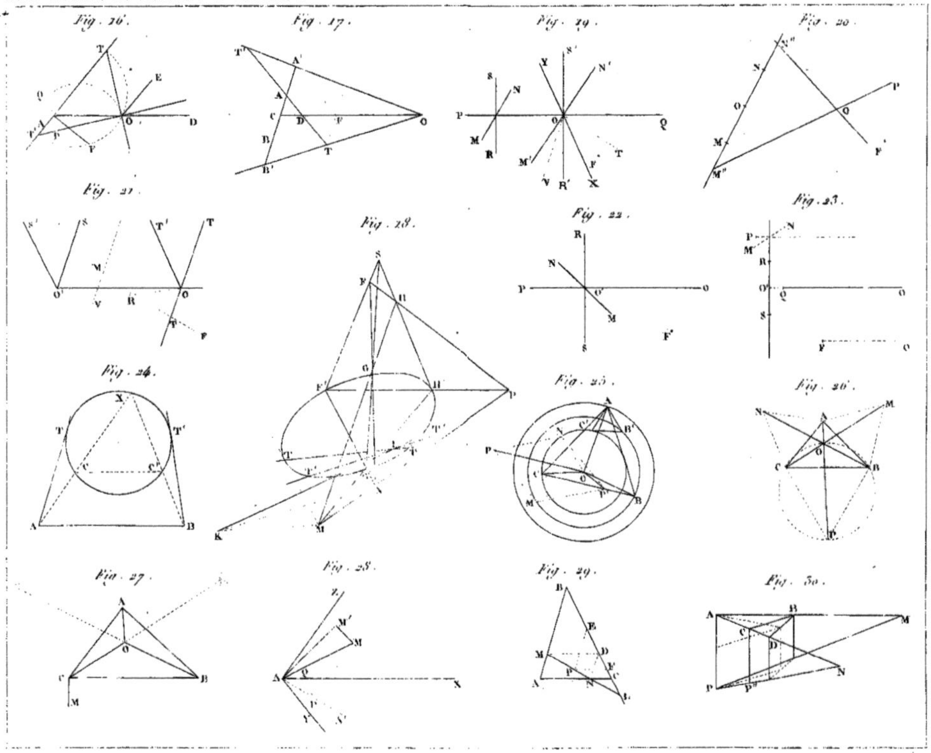

Fig. 16.

Fig. 17.

Fig. 19.

Fig. 20.

Fig. 21.

Fig. 18.

Fig. 22.

Fig. 23.

Fig. 24.

Fig. 25.

Fig. 26.

Fig. 27.

Fig. 28.

Fig. 29.

Fig. 30.

www.ingramcontent.com/pod-product-compliance
Ingram Content Group UK Ltd.
Pitfield, Milton Keynes, MK11 3LW, UK
UKHW021824190726
13853UKWH00003B/1165

9 782329 591650